Keine ZEIT zu GÄRTNERN

GEMÜSE LÄNGER ERNTEN
IN GEWÄCHSHAUS, FRÜHBEET & CO.

Keine ZEIT zu GÄRTNERN

GEMÜSE LÄNGER ERNTEN
IN GEWÄCHSHAUS, FRÜHBEET & CO.

Jessica Achtsnicht

EMF
EIN BUCH DER
EDITION MICHAEL FISCHER

INHALT

Keine Zeit fürs Gewächshaus 91

Keine Zeit zu naschen 131

VORWORT

Warum solltest du eigenes Gemüse im Garten anbauen? Ist doch ganz klar: Es schmeckt einfach so viel besser und es ist gesünder, denn du weißt genau, was drin steckt. Außerdem ist die Vielfalt unfassbar beeindruckend und du kannst Gemüsesorten anbauen, die du so im Handel nicht bekommen würdest.

Mit diesem Buch möchte ich dir zeigen, dass jede*r Anfänger*in es schaffen kann, selbst angebautes Gemüse zu ernten. Mit ein paar Tipps und Tricks, die du in diesem Buch an die Hand bekommst, gärtnerst du mit weniger Zeitaufwand und du erfährst so einiges zum Gemüseanbau unter Glas, damit du dir deinen Salat auch im Winter schmecken lassen kannst.

Gartenstiefel und Handschuhe anziehen, es geht jetzt los!

Deine Jessi

KAPITEL 01

Grund-LAGEN

Du hast so richtig Lust, dein eigenes Gemüse im Garten anzubauen, bist dir aber noch unsicher, wie du anfangen oder worauf du achten solltest? Dann lass uns am besten gleich in die Grundlagen zum Gemüseanbau einsteigen.

DU HAST SO VIELE MÖGLICHKEITEN!

Es gibt so einige Varianten, wie du dein Gemüse anbauen kannst – tatsächlich benötigst du dazu noch nicht einmal einen Garten. Hier findest du ein paar Beispiele.

DAS HOCHBEET

→ Ein Hochbeet ist im Prinzip ein höher gelegtes Beet in Kastenform.

→ Es gibt viele verschiedene Hochbeet-Varianten aus Holz, Stein oder Europaletten.

→ Meistens hat es eine Höhe von 70–80 cm und erleichtert dir das Gärtnern enorm, da du bequem im Stehen arbeiten kannst. Was soll ich dir sagen, ich bin ein absoluter Hochbeet-Fan!

DAS KLASSISCHE BEET

→ Im klassischen Beet, also direkt am Boden in der Erde, lässt sich Gemüse prima anbauen.

→ Natürlich solltest du hier auf die richtige Boden-beschaffenheit achten. Die Erde sollte locker und nährstoffreich sein.

DER KÜBEL-GARTEN

→ Wusstest du, dass sich auch viele Gemüsekulturen in Kübeln anbauen lassen? Das ist natürlich für Balkongärtner toll, da du hier nicht so viel Platz benötigst.

→ Du kannst einfache Pflanzenkübel aus Ton oder Keramik, Mörtelwannen aus dem Baumarkt oder Pflanztaschen aus Filz nehmen.

→ Allerdings solltest du auf die Größe achten. Einige Gemüsearten wie Tomaten oder Zucchini benötigen einen Kübel von mindestens 20, besser 40 l Volumen.

UNTER GLAS ODER FOLIE

→ Eine weitere Möglichkeit ist es, dein Gemüse unter Glas anzubauen. Ob bereits ab dem Frühjahr in einem Frühbeet, im Folientunnel oder in einem großen Gewächshaus, vor allem wärmeliebende Gemüsearten wie Tomaten und Gurken fühlen sich hier pudelwohl.

→ Bereits Anfang des Jahres, wenn es draußen noch zu kalt für die meisten Pflanzen ist, kannst du dir so einen Ort im Garten erschaffen, an dem es tagsüber ein paar Grad wärmer ist, und so schon das ein oder andere Pflänzchen aufziehen. Denn die Temperaturen in einem Folientunnel oder Frühbeet steigen, sobald die ersten Sonnenstrahlen auf das Glas oder die Folie treffen.

DEIN MIX IM GEMÜSEBEET

Ein Beet mit nur einer Gemüsesorte wäre doch langweilig, oder? Damit du dein Beet bestens und abwechslungsreich nutzt, kannst du dein Gemüse wunderbar gemixt pflanzen: in Mischkultur. Was das genau bedeutet und warum auch die Fruchtfolge wichtig ist, verrate ich dir auf den folgenden Seiten.

GESCHÜTTELT ODER GERÜHRT?

Oder sagen wir eher: kreuz und quer oder in Reih und Glied? Es gibt verschiedene Varianten, Gemüse anzubauen. Du kannst es geradlinig und strukturiert in Reihen aussäen bzw. pflanzen oder du mischst dein Beet kunterbunt. Die erste Variante ist vielleicht für den Einstieg übersichtlicher, da viele Anfänger*innen gar nicht wissen, wie die jeweilige Pflanze im Verlauf des Jahres aussieht bzw. wie groß sie wird und welchen Platz sie tatsächlich einnehmen wird. Spätestens jetzt sollten wir auch über die Mischkultur und Fruchtfolge reden.

SO SCHÖN BUNT HIER: MISCHKULTUR

Mischkultur bedeutet, dass du gewisse Gemüsepflanzen mit anderen kombinieren kannst, die sich gegenseitig im Wachstum und im Kampf gegen Schädlinge und Pflanzenkrankheiten unterstützen. Allerdings sind nicht alle Pflanzkombinationen von Vorteil, es gibt gute und schlechte Beetnachbarn.

GUTE BEETNACHBARN

Pflanzt du **Sellerie** neben **Kohlrabi,** vertreibt der Sellerie durch seinen Duft Schädlinge wie die Kohlfliege oder Kohlblattläuse.

Knoblauch schützt **Erdbeeren** vor Pilzkrankheiten.

Basilikum vertreibt die Weiße Fliege und hält **Mehltau** von **Tomaten** fern.

Borretsch ist eine sehr beliebte Nahrungsquelle für Bienen und lockt viele Bestäuber an deine **Gurkenpflanzen.**

Die **Kapuzinerkresse** ist nicht nur im Salat sehr lecker. Sie ist außerdem eine echte Geheimwaffe im Kampf gegen Blattläuse – sie werden fast magisch von ihr angezogen. Aus diesem Grund solltest du sie unbedingt in die Nähe von lausanfälligen Pflanzen setzen.

DAS SPART ZEIT!

Mach dir ganz zu Beginn einen Pflanzplan und schaue genau, welche Kulturen du zusammen ins Beet setzen möchtest. So geht die Aussaat umso schneller.

SCHLECHTE BEETNACHBARN

Pflanzt du **Kohlrabi** neben **Rosenkohl**, ist es sehr wahrscheinlich, dass beide vom gleichen Schädling befallen werden.

Tomaten neben **Kartoffeln** pflanzen? Eine ganz schlechte Idee! Denn beide Kulturen gehören zu den Gemüsepflanzen, die sich bei viel Feuchtigkeit schnell mit der Kraut- und Braunfäule anstecken. Sie können sich auch gegenseitig anstecken.

Zwiebeln und **Erbsen** gedeihen weniger gut nebeneinander, da die Zwiebeln das Wachstum der Erbsen hemmen können.

CLEVER NACHEINANDER GEPLANT: FRUCHTFOLGE

Hast du schon mal etwas von Stark-, Mittel- und Schwachzehrern gehört? So werden Gemüsepflanzen aufgrund ihres Nährstoffbedarfs eingeteilt und dementsprechend nacheinander im Beet gepflanzt. So erreichst du eine bestmögliche Fruchtfolge im Beet.

→ Starkzehrer benötigen viele Nährstoffe und haben hohe Ansprüche an die Bodenbeschaffenheit und Nährstoffzufuhr.

Tomaten sind Starkzehrer.

→ Mittelzehrer benötigen nicht ganz so viele Nährstoffe wie Starkzehrer und sind daher ein wenig anspruchsloser.

Möhren sind Mittelzehrer

→ Schwachzehrer benötigen kaum Nährstoffe und werden oft als Nachkultur von Stark- oder Mittelzehrern gepflanzt, da der Nährstoffgehalt des Bodens dann meist niedriger ist.

Kopfsalat kann sowohl den Mittelzehrern als auch Schwachzehrern zugeordnet werden.

NACHDÜNGEN ODER NICHT?

Bei der Fruchtfolge solltest du auf den Nährstoffbedarf deiner jeweiligen Pflanze achten und diese, vor allem Starkzehrer, entweder düngen oder die Nährstoffe nutzen lassen, die die Vorkultur übrig gelassen hat. Erntest du beispielsweise einen Kohl, dann kannst du an der gleichen Stelle im Beet, ohne den Boden vorher großartig nachdüngen zu müssen, Radieschen oder Salat auspflanzen.

DAS SPART ZEIT!

Bevor du deine Starkzehrer pflanzt, gib direkt eine Handvoll Dünger in das Pflanzloch, so sind deine Pflanzen von Beginn an bestens versorgt. Dafür nimmst du am besten Hornspäne oder einen anderen organischen Dünger.

Für einen besseren Überblick habe ich dir hier eine Übersicht erstellt, welche Gemüsearten als Stark-, Mittel- oder Schwachzehrer gelten.

Starkzehrer	Mittelzehrer	Schwachzehrer
Artischocken	Basilikum	Buschbohnen
Auberginen	Kohlrabi	Erbsen
Gurken	Liebstöckel	Feldsalat
Lauch	Mangold	Knoblauch
Mais	Möhren	Kräuter
Melonen	Rote Bete	Portulak
Kartoffeln	Salat	Radieschen
Kohl	Spinat	Rucola
Paprika	Zwiebeln	Salat
Sellerie		Stangenbohnen
Tomaten		

WE ARE FAMILY

Bei der Fruchtfolge solltest du nicht nur auf den Nährstoffbedarf der Pflanzen achten, sondern auch auf die jeweiligen Pflanzenfamilien. Um Krankheiten vorzubeugen und um deinen Boden gesund zu halten, baue Gemüse aus einer Familie nicht mehrere Jahre hintereinander an exakt derselben Stelle im Beet an. Die gängigen Gemüsesorten gehören zu acht verschiedenen Pflanzenfamilien:

→ Nachtschattengewächse

→ Kreuzblütler

→ Schmetterlingsblütler

→ Korbblütler

→ Kürbisgewächse

→ Doldenblütler

→ Gänsefußgewächse

→ Lauchgewächse

Pflanzt du beispielsweise einen Kohl an eine Stelle deines Beetes, solltest du in den darauffolgenden vier Jahren keinen Kohl und auch keinen anderen Vertreter der Kreuzblütler-Familie, also auch keinen Brokkoli und keine Radieschen, an derselben Stelle anbauen. Allerdings gilt das nicht für das laufende Jahr. Pflanzt du im Frühjahr einen Kohlrabi und erntest ihn ein paar Wochen später, kannst du einen weiteren dorthin pflanzen, den du im Herbst erntest. Im kommenden Frühjahr solltest du dann aber einen neuen Platz für deinen Kohl finden.

Hier findest du alle Gemüsearten nach ihrer jeweiligen Familienzugehörigkeit unterteilt:

NACHTSCHATTENGEWÄCHSE

→ Auberginen

→ Kartoffeln

→ Paprika

→ Pepino

→ Tomaten

KREUZBLÜTLER

- → Blumenkohl
- → Brokkoli
- → Chinakohl
- → Grünkohl
- → Kohlrabi
- → Radieschen
- → Rettich
- → Rosenkohl
- → Weiß- und Rotkohl
- → Wirsing

SCHMETTERLINGSBLÜTLER

- → Buschbohnen
- → Erbsen
- → Stangenbohnen

KORBBLÜTLER

- → Artischocken
- → Chicorée
- → Endivien
- → Kopfsalat
- → Pflücksalat

KÜRBISGEWÄCHSE

- → Gurken
- → Kürbis
- → Melonen
- → Zucchini

DOLDENBLÜTLER

- → Dill
- → Fenchel
- → Möhren
- → Pastinaken
- → Sellerie

GÄNSEFUSSGEWÄCHSE

- → Mangold
- → Rote Bete
- → Spinat

LAUCHGEWÄCHSE

- → Knoblauch
- → Lauch
- → Schnittlauch
- → Zwiebeln

VERSTEHEN WIR UNS ODER NICHT?

Damit du schneller mit der Bepflanzung deines Beetes starten kannst, ohne lange nach den passenden Mischkulturpartnern recherchieren zu müssen, habe ich dir eine Übersicht zusammengestellt: Hier findest du Gemüsepflanzen, die du gut zusammen pflanzen kannst, und Kombinationen, die du besser vermeidest.

Gemüse	gute Nachbarn	schlechte Nachbarn
Auberginen	Blumenkohl, Brokkoli, Kohl, Pflück- und Kopfsalat, Spinat	Erbsen, Kartoffeln, Paprika, Rote Bete
Blumenkohl und Brokkoli	Auberginen, Erbsen, Kartoffeln, Sellerie	Kohl, Zwiebeln
Bohnen	Erdbeeren, Gurken, Kartoffeln, Kohl, Kohlrabi, Mais, Pflück- und Kopfsalat, Radieschen, Rote Bete, Schwarzwurzel, Sellerie, Spinat, Zucchini	Erbsen, Fenchel, Knoblauch, Lauch, Zwiebeln
Erbsen	Blumenkohl, Brokkoli, Fenchel, Gurken, Kohl, Kohlrabi, Mais, Möhren, Pastinaken, Pflück- und Kopfsalat, Radieschen, Spinat, Zucchini	Auberginen, Bohnen, Kartoffeln, Knoblauch, Lauch, Paprika, Zwiebeln
Erdbeeren	Bohnen, Knoblauch, Lauch, Pflück- und Kopfsalat, Radieschen, Spinat, Zwiebeln	Kohl
Fenchel	Erbsen, Gurken, Pflück- und Kopfsalat	Bohnen, Kohlrabi, Paprika, Tomaten
Gurken	Bohnen, Erbsen, Fenchel, Knoblauch, Kohl, Lauch, Mais, Paprika, Pflück- und Kopfsalat, Sellerie, Spinat, Zwiebeln	Radieschen, Tomaten, Zucchini
Kartoffeln	Blumenkohl, Bohnen, Brokkoli, Kohlrabi, Mais, Spinat	Auberginen, Erbsen, Kohl, Paprika, Rote Bete, Sellerie, Tomaten, Zwiebeln
Knoblauch	Erdbeeren, Gurken, Möhren, Rote Bete, Tomaten, Zwiebeln	Bohnen, Erbsen, Kohl
Kohl	Auberginen, Bohnen, Erbsen, Gurken, Lauch, Mangold, Paprika, Pflück- und Kopfsalat, Radieschen, Rote Bete, Sellerie, Spinat, Tomaten	Blumenkohl, Brokkoli, Erdbeeren, Kartoffeln, Knoblauch, Kohlrabi, Zwiebeln

Kohlrabi	Bohnen, Erbsen, Kartoffeln, Pflück- und Kopfsalat, Rote Bete, Sellerie, Spinat, Tomaten	Fenchel, Kohl
Lauch/Porree	Erdbeeren, Gurken, Kohl, Möhren, Pastinaken, Pflück- und Kopfsalat, Schwarzwurzel, Sellerie	Bohnen, Erbsen, Rote Bete, Zwiebeln
Mais	Bohnen, Erbsen, Gurken, Kartoffeln, Pflück- und Kopfsalat, Spinat, Zucchini	Rote Bete, Sellerie
Mangold	Kohl, Möhren, Pastinaken, Radieschen	Rote Bete, Schwarzwurzel, Spinat
Möhren	Erbsen, Knoblauch, Lauch, Mangold, Paprika, Pflück- und Kopfsalat, Radieschen, Schwarzwurzel, Tomaten, Zwiebeln	keine
Paprika	Gurken, Kohl, Möhren, Tomaten	Auberginen, Erbsen, Fenchel, Kartoffeln, Rote Bete
Pastinaken	Bohnen, Erbsen, Lauch, Mangold, Pflück- und Kopfsalat, Zwiebeln	keine
Pflück- und Kopfsalat	Auberginen, Bohnen, Fenchel, Pastinaken, Radieschen, Rote Bete, Schwarzwurzel, Spinat, Zwiebeln	Kartoffeln
Radieschen	Bohnen, Erbsen, Erdbeeren, Kohl, Mangold, Möhren, Pflück- und Kopfsalat, Schwarzwurzel, Spinat	Gurken
Rote Bete	Bohnen, Knoblauch, Kohl, Kohlrabi, Pflück- und Kopfsalat, Zucchini, Zwiebeln	Auberginen, Kartoffeln, Lauch, Mais, Mangold, Paprika, Spinat
Schwarzwurzel	Bohnen, Lauch, Möhren, Pflück- und Kopfsalat, Radieschen	Mangold
Sellerie	Blumenkohl, Bohnen, Brokkoli, Gurken, Kohl, Kohlrabi, Lauch, Spinat	Kartoffeln, Mais, Pflück- und Kopfsalat
Spinat	Auberginen, Bohnen, Erbsen, Erdbeeren, Gurken, Kartoffeln, Kohl, Kohlrabi, Mais, Pflück- und Kopfsalat, Radieschen, Sellerie	Mangold, Rote Bete
Tomaten	Knoblauch, Kohl, Kohlrabi, Möhren, Paprika, Pflück- und Kopfsalat, Zwiebeln	Fenchel, Gurken, Kartoffeln
Zucchini	Bohnen, Erbsen, Mais, Rote Bete	Gurken
Zwiebeln	Erdbeeren, Gurken, Knoblauch, Möhren, Pastinaken, Pflück- und Kopfsalat, Rote Bete, Tomaten, Zucchini	Blumenkohl, Bohnen, Brokkoli, Erbsen, Kartoffeln, Kohl, Lauch

LASS UNS STARTEN!

Im Prinzip hast du drei Möglichkeiten, deine Gemüsepflanzen in die Erde zu bekommen: Direktsaat, Voranzucht oder Einkauf im Pflanzencenter deines Vertrauens.

KAUFEN ODER SELBER SÄEN

→ Einkauf im Pflanzencenter: Das ist die einfachste und bequemste Möglichkeit. Gerade für Anfänger*innen ist es die richtige Wahl, um direkt starten zu können.

→ Direktsaat ins Beet: Hier kaufst du dir Saatgut und säst es direkt im Beet aus. Das geht allerdings nicht mit allen Kulturen, einige müssen im Haus auf der Fensterbank vorgezogen werden.

→ Vorkultur auf der Fensterbank: Vor allem wärmeliebende Gemüsepflanzen wie Chili oder Paprika haben eine lange Kulturdauer und müssen bereits früh im Jahr auf der Fensterbank vorgezogen werden – zu der Zeit ist es noch zu kalt im Freiland oder im Gewächshaus.

Lass mich dir helfen! Hier findest du eine kleine Aufstellung, welches Gemüse direkt ins Beet gesät werden kann und welches auf der Fensterbank vorgezogen werden sollte.

Gemüse	Direktsaat	Voranzucht
Auberginen		x
Blumenkohl		x
Bohnen	x	x
Brokkoli		x
Erbsen	x	
Fenchel		x
Gurken		x
Kohl		x
Kohlrabi	x	x
Kürbis	x	x
Lauch/Porree	x	x
Mais	x	x
Mangold		x
Möhren	x	
Paprika		x
Pastinaken	x	
Pflück- und Kopfsalat	x	x
Radieschen	x	
Rote Bete	x	x
Sellerie		x
Spinat	x	
Tomaten		x
Zucchini	x	x
Zwiebeln	x	x

DER JUNGPFLANZEN-KINDERGARTEN

→ Für die Jungpflanzenanzucht benötigst du ein wenig Equipment – immerhin dürfen sie bis Ende April/Mitte Mai noch nicht nach draußen.

→ gute Anzuchterde
→ Bio-Saatgut
→ eckige Pflanztöpfe, 9 x 9 x 9 cm haben sich bei mir bewährt
→ sehr helle Fensterbank oder Pflanzenwachstumslampe

VERGEILTE PFLANZEN, AUCH SPARGELWUCHS GENANNT

→ Chili, Aubergine und Paprika benötigen zum Keimen sehr viel Wärme – da würde sich ein Platz über dem Heizkörper oder eine Heizmatte anbieten. Salat dagegen hat es lieber etwas kühler zum Keimen.

→ Nach der Keimung sollten deine Pflanzen sehr hell und eher kühl, bei ca. 15–18 °C Raumtemperatur, stehen. Stehen sie zu dunkel oder zu warm, vergeilen sie schnell, d. h., sie schießen in die Höhe und wachsen eher spargelig, statt kräftig und vital.

RAUS AN DIE FRISCHE LUFT!

→ Dann geht es nach draußen! Aber bitte nicht von heute auf morgen. Ab Mitte April solltest du deine Pflanzen, wenn es das Wetter zulässt, langsam an die Außentemperaturen, Sonne und Wind gewöhnen. Dieser Prozess dauert meistens 10–14 Tage.

→ An den ersten 1–2 Tagen stellst du deine Pflanzen für 30 Minuten nach draußen an ein schattiges Plätzchen. Tag 2–4 für jeweils 1 Stunde und etwas sonniger. Du steigerst es so lange, bis du sie den ganzen Tag dort stehen lassen kannst. Nachts solltest du sie allerdings noch ins Haus holen; die Temperaturen sollten konstant zweistellig sein, um sie final nach draußen zu pflanzen.

→ Beobachte deine Pflanzen während der Gewöhnung gut. Sehen sie schlapp aus oder bemerkst du weiße Flecken auf den Blättern, dann hol sie besser wieder ins Haus.

WEISSE FLECKEN BEDEUTEN MEIST SONNENBRAND. JUNGPFLANZEN MÜSSEN LANGSAM AN DAS STARKE UV-LICHT GEWÖHNT WERDEN.

VORANZUCHT: SO GEHT'S IM DETAIL

In dieser Übersicht verrate ich dir, welche Gemüsepflanzen im Haus auf der Fensterbank vorgezogen werden sollten, ab wann dies am besten geschehen sollte und wann sie nach draußen wandern dürfen.

Gemüse	Aussaat auf der Fensterbank	Saattiefe	Keimtemperatur	Keimdauer	Auspflanzen ins Freiland	Pflanzabstand
Auberginen	Januar bis März	1 cm	20–25 °C	2–4 Wochen	ab Mai	50 cm
Basilikum*	ganzjährig	0 cm	15–18 °C	12–15 Tage	ab Mai	in Tuffs
Blumenkohl	Ende Januar	1 cm	15–16 °C	8–12 Tage	ab April/Mai	50 x 50 cm
Brokkoli	ab Februar	1 cm	15–20 °C	8–12 Tage	ab April/Mai	50 x 50 cm
Chili	Januar bis März	1 cm	25–28 °C	10–14 Tage	ab Mai	50 x 50 cm
Gurken	April	2–3 cm	22–28 °C	4–6 Tage	ab Mai	50 cm
Kohl	Januar bis März	1–2 cm	18–20 °C	6–12 Tage	ab April	50 cm
Kohlrabi	Februar bis August	1–2 cm	16–20 °C	5–8 Tage	ab April	25 cm
Lauch/Porree	Januar	0,5–1 cm	16–18 °C	12–16 Tage	ab März	10 cm
Mangold	März bis August	2–3 cm	15–20 °C	10–14 Tage	ab April	20 cm
Paprika	Februar bis März	1 cm	25 °C	10–20 Tage	ab Mai	50 cm
Sellerie*	Februar bis Mai	0 cm	20 °C	ca. 15 Tage	ab April	30 cm
Tomaten	März bis April	1 cm	22–28 °C	6–8 Tage	ab Mai	50 cm
Wirsing	Januar bis August	1 cm	15–20 °C	5–8 Tage	ab April	50 cm
Zucchini	April bis Juni	2,5 cm	22 °C	6–8 Tage	ab April	100 cm

* Achtung, Lichtkeimer!

DIY

LASS UNS SAATBÄNDER BASTELN!

Das Saatgut einiger Gemüsesorten erhältst du im Handel als Saatband. Vor allem sehr feine Samen, wie von Salat und Möhren zum Beispiel, lassen sich mit einem Saatband viel bequemer aussäen – und deine Aussaat ist nicht mal halb so zeitintensiv.

DER VORTEIL

Du musst die Pflanzabstände nicht berücksichtigen, da die Samen bereits genauestens auf dem Saatband platziert sind.

Das benötigst du

- → Saatgut deiner Wahl
- → 1 Rolle Klopapier
- → 1 EL Mehl
- → ein klein wenig Wasser
- → Schaschlikspieß
- → Schere, Bleistift und Lineal

TIPP

Schneide die Klopapierstreifen so lang, wie dein Beet ist. So musst du bei der Aussaat nicht unnötig anstückeln. Und lass deinen Kleber nicht zu flüssig werden – nimm nicht zu viel Wasser! Sonst fängt das Saatgut vorzeitig an zu keimen.

So geht's

01 Schneide aus dem Klopapier dünne Streifen und falte sie einmal mittig.

02 Mit dem Lineal misst du die benötigten Pflanzabstände deines jeweiligen Saatgutes ab und markierst sie.

03 Mische Mehl mit ein paar wenigen Tropfen Wasser, so stellst du deinen natürlichen Kleber her.

04 Trage den Kleber mit dem Schaschlikspieß punktuell auf deine Markierungen auf.

05 Lege das Saatgut in den Kleber und lass es trocknen. Rolle das Papier auf und lagere es bis zur Verwendung dunkel und kühl.

06 Jetzt kannst du deine fertigen Saatbänder ins Beet bringen und musst dir um den richtigen Pflanzabstand keine Gedanken mehr machen.

TREIBHAUSEFFEKT IM GARTEN?

Lass die Sonne für dich arbeiten und nutze den – in diesem Fall erwünschten – Treibhauseffekt für dich! Du kannst ihn mit einem Gewächshaus, Folientunnel oder einem Frühbeet und nur wenigen Sonnenstrahlen erreichen.

GEWÄCHSHAUS

→ Die lichtdurchlässigen Wände deines Gewächshauses sorgen dafür, dass die Wärme, die im Inneren entsteht, sobald die ersten Sonnenstrahlen auf das Glas oder den Kunststoff treffen, lang gehalten wird. Dadurch erreichst du in deinem Gewächshaus deutlich höhere Temperaturen, als sie in dem Moment im Freiland sind. Mehr zu Gewächshäusern erfährst du ab Seite 90.

FOLIENTUNNEL

→ Der Folientunnel besteht in der Regel aus Metallringen, die du in die Erde steckst und mit einer Pflanzenfolie abspannst. Treffen Sonnenstrahlen auf die Folie, entsteht darunter der gewünschte Treibhauseffekt und Luft und Erde erwärmen sich.

→ Ein Folientunnel ist, je nach Größe, für Bodenbeete, aber auch Hochbeete geeignet und bietet sich vor allem im Frühjahr an, wenn die Tempera-

turen nachts noch zu niedrig sind, du aber bereits mit den ersten Kulturen loslegen möchtest.

PFLANZTUNNEL

→ Ähnlich wie Folientunnel gibt es Pflanztunnel aus Kunststoff. Sie werden auf die Erde gesetzt und mit Erdspießen fixiert, um sie sturmsicher zu machen. Sie verfügen über Ablauflöcher auf dem Dach. Sobald es regnet, fließt das Wasser ins Innere des Pflanztunnels. Dadurch werden deine Pflanzen automatisch gewässert.

FRÜHBEET

→ Frühbeete bekommst du im Handel in den verschiedensten Varianten oder sie lassen sich auch mit ein wenig Holz, Folie und etwas Geschick selber bauen. Du stellst sie einfach im Beet auf den Boden oder auf das Hochbeet. Bereits nach kurzer Zeit erwärmt sich der Boden darunter und du kannst im Frühjahr schon eher mit den ersten Kulturen starten.

PFLANZENGLOCKEN

→ Durchsichtige Pflanzenglocken sind richtig praktisch, da du mit ihnen sehr flexibel im Garten arbeiten kannst. Im Prinzip deckst du jede Pflanze einzeln ab. Es gibt sie auch in Kombination mit Schneckenkragen. Dazu steckst du den Kragen um deine Pflanze in die Erde und setzt eine Haube darauf. Deine Pflanzen sind somit vor Schnecken und Frost geschützt. Oder du nutzt Pflanzenglocken ohne Kragen, die du direkt über die Pflanze stülpst.

OH NEIN, SCHÄDLINGE!

Nicht nur wir mögen unser angebautes Gemüse sehr, sondern leider auch einige kleine und große Tiere. Ich stelle dir hier einmal die häufigsten Schädlinge vor, die dir im Gewächshaus oder Frühbeet besonders gerne über den Weg laufen.

BLATTLÄUSE

- **Aussehen:** millimetergroße, ovalrunde Insekten in Schwarz, Grün oder Orange
- **Befall erkennen:** vermehrtes Aufkommen von Ameisen an der betroffenen Pflanze, Blattläuse sitzen meistens auf den Blattunterseiten
- **Schäden:** saugen den Pflanzensaft an Blättern und Trieben, was zu Missbildungen führen kann
- **Bekämpfung:** mit einem starken Wasserstrahl abspülen, bei starkem Befall betroffene Blätter entfernen oder mit einem Gemisch aus Wasser mit Spüli oder Schmierseife einsprühen
- **Natürliche Feinde:** Marienkäfer und Marienkäferlarven, Florfliegen, Schwebfliegen, Singvögel

TIPP

Pflanze Kapuzinerkresse überall dorthin, wo du deine Pflanzen vor Blattläusen schützen möchtest. Blattläuse werden magisch von ihr angezogen und lassen anderes Gemüse in Ruhe.

SPINNMILBEN

- **Aussehen:** kleine, weiße, spinnenartige Tierchen auf den Ober- und Unterseiten der Blätter
- **Befall erkennen:** kleine Spinnennetze zwischen den Blattachseln

→ **Schäden:** Blätter werden weiß-silbrig bis braun, sterben ab

→ **Bekämpfung:** regelmäßiges Abduschen der kompletten Pflanze, mit verdünntem Neemöl besprühen, stark befallene Pflanzenteile entfernen

→ **Natürliche Feinde:** Marienkäfer, Raubkäfer, Schlupfwespen

SCHILDLÄUSE

→ **Aussehen:** flache, gelbweiße bis braune, pockenartige Tiere

→ **Befall erkennen:** glänzende Blätter durch klebrig-klares Sekret, hohes Ameisenaufkommen (fressen das Sekret)

→ **Schäden:** ernähren sich vom Pflanzensaft und entziehen der Pflanze Nährstoffe, Blätter werden welk

→ **Bekämpfung:** Blätter gründlich abwaschen, mit einer Mischung aus Rapsöl und Wasser (1:2) einsprühen, mit verdünntem Neemöl besprühen

→ **Natürliche Feinde:** Florfliegen, Schwebfliegen, Schlupfwespen, Raubwanzen, Gallmücken

GEMÜSEFLIEGEN

→ **Aussehen:** kleine, schwarze Fliegen, ähnlich der Stubenfliege

→ **Befall erkennen:** Zwiebel-, Kohl- und Möhrenfliegen legen ihre Eier bevorzugt an den jeweiligen Kulturen ab

→ **Schäden:** Fraßschäden durch Larven an Wurzeln und anderen Pflanzenteilen

→ **Bekämpfung:** Mischkultur (beispielsweise Zwiebeln mit Möhren), engmaschiges Gemüseschutznetz oder Kohlkragen einsetzen, um die Eiablage zu verhindern

→ **Natürliche Feinde:** Schlupfwespen, Raubkäfer

WEISSE FLIEGEN

→ **Hier kommen sie vor:** befallen vorzugsweise Tomaten und Gurken, fühlen sich bei hoher Luftfeuchtigkeit wohl, oft im Gewächshaus

→ **Aussehen:** kleine, weiße Fliegen

→ **Befall erkennen:** sitzen oft auf den Blattunterseiten, beim Schütteln oder Bewegen der Pflanze schwirren kleine, weiße Fliegen umher, Blätter werden gelbfleckig und fallen ab

→ **Schäden:** klebrige Honigausscheidungen der Tiere, in Folge Verschmutzung der Früchte durch Rußtau (Schwärzepilze)

→ **Bekämpfung:** starke Gerüche werden gemieden, daher Basilikum, Lavendel oder Kapuzinerkresse pflanzen, befallene Pflanzen mit einem starken Wasserstrahl abduschen, mit einer Mischung aus Rapsöl und Wasser (1:2) besprühen

→ **Natürliche Feinde:** Marienkäfer, Spinnen, Schlupfwespen

SCHNECKEN

→ **Hier kommen sie vor:** leider fast überall, bei geschlossenem Gewächshaus weniger, auch Hochbeete werden eher verschont

→ **Aussehen:** rund bis länglich, glitschig, mit Fühlern, mit und ohne Schneckenhaus

→ **Befall erkennen:** glitzernde Schleimspuren an den Pflanzen

→ **Schäden:** löchrig abgefressene Blätter, bis hin zu komplett gefressenen Pflanzen

- → **Bekämpfung:** Schneckenkragen um die Pflanzen setzen, zerbröselte Eierschalen um die Pflanzen streuen, ein Brett auf die Erde legen und bei Dämmerung Schnecken darunter absammeln – alles zur giftfreien Bekämpfung findest du auch auf der nächsten Seite
- → **Natürliche Feinde:** Igel, Kröten, Laufenten, Hühner und andere Vögel

ERSTE HILFE

Viele Schädlinge lassen sich mit einfachen Hausmitteln in die Flucht schlagen. Ich verrate dir meine besten Mittelchen, die du dir ganz einfach selbst zusammenmischen kannst.

Schmierseife-Lösung	5 ml Schmierseife in 500 ml Wasser	hilft bei Blattläusen und Schildläusen
Milch-Lösung	250 ml fettarme Milch in 500 ml Wasser	hilft bei Blattläusen
Öl-Wasser-Gemisch	Rapsöl und Wasser im Verhältnis 1:2, plus 2 Tropfen Spülmittel	hilft bei Spinnmilben und Weißer Fliege

LASS KEINE SCHLEIMER AN DEIN GEMÜSE!

Es gibt einige Tricks, wie du Schnecken giftfrei von deinem Gemüse fernhalten kannst. Lass dir allerdings gesagt sein, dass du trotz aller Maßnahmen nie eine hundertprozentige Sicherheit haben wirst. Dennoch solltest du ihnen den Weg zum leckeren Gemüse so gut es geht erschweren.

SCHNECKENKRAGEN

Der Schneckenkragen dient zum Schutz einzelner Pflanzen. Du setzt den Ring um deine Pflanze und drückst ihn ein wenig in die Erde. Der Kragen verfügt über eine Art Knick, den die Schnecke nicht überwinden kann. Wichtig hierbei ist, dass keine benachbarten Pflanzen in das Innere des Kragens ragen oder der Kragen zu tief in der Erde sitzt. Denn so hätten die Schleimer leichtes Spiel, die herüberhängenden Pflanzenteile als Brücke zu benutzen.

KUPFERBAND

Das Kupferband kann für einzelne Kübel verwendet werden. Meist sind die Bänder selbstklebend und du kannst sie spielend leicht um deine Töpfe kleben. Das Kupfer löst bei Kontakt mit dem Schneckenschleim eine chemische Reaktion aus, was sehr unangenehm für die Schnecke ist und sie zur Umkehr zwingt. Das Kupferband sollte für eine gute Wirkung so breit wie möglich sein.

ELEKTRISCHER SCHNECKENZAUN

Für Hochbeete kann ich dir einen elektrischen Schneckenzaun empfehlen. Es werden dabei keine Tiere getötet oder verletzt. Das zweiteilige Band wird um das Hochbeet montiert. Sobald die Schnecke über beide Kontakte kriechen möchte, bekommt sie einen kleinen Impuls einer Batterie, der für sie unangenehm ist und sie umkehren lässt.

HUNGRIGE PFLANZEN WOLLEN DÜNGER

Ich habe dir ja bereits über Schwach-, Mittel- und Starkzehrer berichtet. Vor allem Starkzehrer wie Tomaten, Gurken, Kohl, Kürbis und viele mehr sind sehr hungrige Pflanzen. Sie benötigen ausreichend Nährstoffe und das regelmäßig über die ganze Saison, damit sie leckere Früchte ausbilden können.

GEKAUFT ODER SELBST GEMACHT?

→ Im Handel gibt es unzählige Dünger. Achte darauf, dass es sich um Bio-Dünger handelt und setze diese nach Gebrauchsanweisung regelmäßig ein.

→ Es gibt einige Möglichkeiten, eigenen Dünger herzustellen. Das spart nicht nur Geld, du weißt auch ganz genau, was drin ist.

→ Wohin mit den ganzen Pflanzenresten, die sich das ganze Jahr über ansammeln? Ganz genau, in den Komposter! Es gibt unzählige Varianten von Kompostern. Metallkomposter, Thermokomposter aus Kunststoff oder vielleicht ist es doch der selbst gebaute, der in deinen Garten einziehen wird?

→ Setze dir aus Brennnesseln eine Jauche an. Dazu benötigst du außer den Brennnesseln lediglich Wasser und ein geeignetes Gefäß. Vor allem werden Stark-

zehrer von dem Stickstoffdünger, den du aus den Brennnesseln herstellst, profitieren und dich mit gesundem, kräftigem Wuchs belohnen.

TIPP

Füge deiner Brennnesseljauche ein wenig Urgesteinsmehl hinzu. Das Mehl bindet ein wenig den Geruch, der während des Vergärens entsteht.

→ Stelle eigene Terra Preta her. Die Schwarzerde, wie die Terra Preta auch genannt wird, ist eine sehr kostbare Erde, die nur so vor Nährstoffen strotzt. Du kannst sie aus deinen eigenen Küchenabfällen, wie Obst- und Gemüseschalen, in einem Bokashi-Eimer selbst herstellen. Im Prinzip werden deine Abfälle unter der Zugabe von Pflanzenkohle, effektiven Mikroorganismen und Urgesteinsmehl fermentiert. Über einen Auslaufhahn kannst du dir regelmäßig Flüssigdünger abzapfen, den du stark verdünnt im Beet ausbringen kannst. Der fermentierte Inhalt ist nach 2–3 Wochen fertig und kann im Beet vergraben werden. Die Nährstoffe werden nun nach und nach an die umliegenden Pflanzen abgegeben.

DIY

SELFMADE-DÜNGER AUS EIERSCHALEN

Wusstest du, dass du aus Eierschalen einen richtig guten Kalkdünger herstellen kannst? Das geht supereinfach und du benötigst kaum Zutaten dafür.

Das benötigst du

→ Eierschalen

→ Mörser, starker Mixer oder elektrische Kaffeemühle

So geht's

01 Spüle die Eierschalen gleich nach dem Aufschlagen kurz ab und lasse sie trocknen, damit es nicht riecht.

02 Pulverisiere die Schalen im Mörser oder in einem Mixer.

So wird der selbst hergestellte Kalkdünger verwendet:

→ Verstreue das Eierschalenpulver einfach um deine Pflanzen im Beet und arbeite es leicht in die Erde ein.

→ Gib etwas von deinem Kalkdünger direkt ins Pflanzloch bei der Auspflanzung.

Den kalkhaltigen Dünger mögen diese Pflanzen:

→ Tomaten

→ Lauch

→ Knoblauch

→ Zwiebeln

→ Möhren

→ Kohl

→ Rhabarber

TIPP

Wusstest du, dass du auch das Kochwasser deiner Eier als Dünger verwenden kannst? Einfach abkühlen lassen und in deinem Beet vergießen.

LASS UNS KLETTERN

Es gibt einige Gemüsekulturen, die hochgebunden werden müssen oder denen du ein Rankgerüst zur Verfügung stellen solltest. Aus diesem Grund haben wir bei unserem Pflanzenunterstand für den Notfall einen Draht gespannt.

VON NETZ BIS GERÜST

Es gibt einige Varianten, wie du dein Gemüse hochbinden kannst. Du kannst verschiedene Materialien verwenden. Klettergerüste haben nicht nur den Nutzen, dass dein Gemüse klettern kann, sie sind außerdem auch richtig hübsche Gestaltungselemente für deinen Garten. Ich zeige dir ein paar Beispiele, wie du die unterschiedlichen Klettermöglichkeiten umsetzen kannst.

Diese Kulturen benötigen eine Rankhilfe:

→ Gurken

→ Tomaten

→ Stangen- und Feuerbohnen

→ Kürbis

→ Erbsen

→ Himbeeren

→ Kiwi

→ Trauben

KLETTERNETZ AUS JUTE

Hier kannst du wunderbar Bohnen, Erbsen und Gurken ranken lassen.

DAS SPART ZEIT!

Im Handel bekommst du bereits fertig geknüpfte Kletternetze aus Jute, die du nur noch in deinem Beet anbringen musst.

RANKGITTER AUS TONKINSTÄBEN UND -KLAMMERN

Das Rankgitter ist sehr stabil und eignet sich super für Gurken oder Kürbis.

ROSENBOGEN AUS METALL

Auch hier lassen sich vor allem Pflanzen mit viel Gewicht, wie Gurken oder Kürbis, anbauen. Wenn du mehrere Rosenbögen verwendest, kannst du dir einen Kürbistunnel anlegen.

TOMATENHAKEN

Mit den Tomatenhaken lassen sich nicht nur Tomaten, sondern auch Gurken sehr gut hochbinden. Wie genau das funktioniert und welche Vorteile du durch diese Haken hast, verrate ich dir auf Seite 126.

HIMBEER-RANK-GERÜST

Himbeeren benötigen nicht unbedingt eine Kletterhilfe, sondern eher eine Art Umzäunung, damit die Ruten nicht umkippen und am Boden aufliegen.

DIY

WIR BAUEN EIN RANKGERÜST

Mit nur wenigen Materialien lässt sich ein ganz tolles und vor allem stabiles Rankgerüst bauen. Das hier gezeigte wird auf einen niedrigen Beetkasten gesetzt. Es lässt sich aber auch ganz easy direkt am Boden montieren.

Das benötigst du

- → 1 Rolle stabiles Jutegarn
- → ca. 40 Schraubhaken aus Metall (die Menge kann je nach gewünschter Gittergröße variieren)
- → 4 Zaunpfosten, 7 x 7 cm, je 2 m lang
- → wenn das Gerüst direkt am Boden installiert wird: zusätzlich 4 Einschlaghülsen, 7 x 7 cm
- → Schrauben

So geht's

01 Lege die 4 Zaunpfosten zu einem Viereck und verschraube sie miteinander. Den unteren Querpfosten solltest du ein wenig höher ansetzen, damit du zwei Füße erhältst, die zur Befestigung dienen sollen.

02 Möchtest du das Gerüst ohne Beetkasten am Boden aufstellen, schlage die Einschlaghülsen im richtigen Abstand in den Boden, setze die „Füße" in die Einschlaghülsen und schraube sie an. Soll das Rankgitter dagegen auf einem Beetkasten montiert werden, setze es auf den Kasten und montiere es an einer Seite vom Kasten, wie auf dem Bild.

TIPP

Du kannst das Rankgerüst passgenau zu deinem Beetkasten bauen. In diesem Fall musst du die Länge der Zaunpfosten an die Maße deines Beetkastens anpassen.

03 Drehe auf allen vier Seiten die Schraubhaken in das Holz. Achte auf gleiche Abstände und dass sie sich genau gegenüberliegen, damit die Jute später nicht kreuz und quer gespannt ist.

04 Jetzt knotest du ein Ende der Juteschnur an einen der äußeren Schraubhaken und führst die Schnur zum gegenüberliegenden Haken, wickelst sie um den Haken und führst sie zum nächstgelegenen. Von dort aus geht es wieder zum gegenüberliegenden Haken. Beginne mit den horizontalen Schnüren. Das machst du immer so weiter, bis du die Jute in alle Haken gespannt hast. Dann spannst du die vertikal verlaufenden Schnüre und wickelst sie zur Stabilisierung immer einmal um die horizontal verlaufenden Schnüre.

www.garantia.eu

KAPITEL 02

Keine ZEIT zu SCHÜTZEN

Wie schön wäre es, mit dem Gemüseanbau schon viel früher im Jahr zu starten? In diesem Kapitel erfährst du alles zum geschützten Anbau im Freiland und welche Möglichkeiten du hast, die Gartensaison zu verlängern.

GUT GESCHÜTZT IM FREILAND

Hier geht es um relativ einfache und dennoch sehr wirkungsvolle Maßnahmen zum Schutz deiner Gemüsepflänzchen: vom Frühbeet bis zum Folienzelt. Diese kannst du als Schutzvorkehrungen schnell auf deinen Beeten platzieren und bei Bedarf auch wieder entfernen. Eine andere Hausnummer, auch finanziell, ist ein Gewächshaus, auf das ich später genauer eingehen werde.

DARUM GEHT'S

Geschützter Anbau im Freiland bedeutet, das Gemüse vor Kälte und Frost tagsüber, aber vor allem nachts zu schützen. Möchtest du also Gemüse wie Blumenkohl, Kohlrabi oder Salat schon früh im Jahr in deinem Garten anbauen, dann solltest du dein Beet unbedingt schützen, indem du beispielsweise ein Vlies spannst oder ein Frühbeet über deinen Pflanzen platzierst. So sind sie vor Nachtfrösten geschützt, stehen insgesamt ein paar Grad wärmer da und können so besser wachsen.

FOLIE

MÖGLICHE MATERIALIEN

GLAS ODER DOPPELSTEG-PLATTEN

VLIES

DAS SPART ZEIT!

Mit einem Vlies lassen sich große Beetflächen in Windeseile abdecken und schützen.

DIE VORTEILE

→ Das Gemüse wird vor Nachtfrösten geschützt und kann aus diesem Grund schon früher als normal angebaut werden.

→ Das Gemüse wird vor Wind und Regen geschützt, somit haben Krankheitserreger weniger Chancen.

→ Freilandtomaten können prima unter einem Tomatendach geschützt werden. Hier stehen sie wärmer und trockener und werden nicht ständig vom Regen nass.

→ Geschützte Sämlinge und Jungpflanzen können nicht so schnell von Vögeln und Mäusen gefressen werden.

Tomaten stehen gerne warm und trocken. Das kannst du ganz einfach mit einem selbst gebauten Tomatendach im Freiland erreichen.

DIE NACHTEILE

→ Unter Folie oder Glas kann es an sonnigen Tagen schnell warm werden. Hier solltest du auf jeden Fall daran denken, dein Gemüse notfalls tagsüber freizulegen.

→ Wächst dein Gemüse beispielsweise unter einem Frühbeet oder Tomatendach, solltest du daran denken, es zu wässern, denn der Regen gelangt nicht durch Folie oder Glas an deine Pflanzen.

→ Ein Frühbeet oder Folienzelt muss über die warmen Monate verstaut werden – damit die Materialien auch lange halten am besten vor UV-Licht geschützt. Dafür benötigst du dementsprechend Platz.

→ Einige Materialien, vor allem Folien und Kunststoffteile, sind nicht unbedingt nachhaltig.

KEIN GEWÄCHSHAUS? MACHT NICHTS!

Es ist Januar und du kannst es kaum erwarten, endlich im Gemüsegarten loszulegen? Hier gebe ich dir ein paar Ideen mit auf den Weg, wie du dein Gemüse im Freiland schützen kannst – ohne ein Gewächshaus zu besitzen. Zum Thema Gewächshaus erwarten dich später noch einige Infos. Wir starten hier zunächst eine Nummer kleiner.

DAS WINTERSCHUTZVLIES

Das Winterschutzvlies ist die allereinfachste und schnellste Möglichkeit, dein Gemüse zu schützen. Es eignet sich vor allem für größere Beetflächen. Es wird flach auf den Boden, direkt über die Pflanzen gelegt und am Rand mit Steinen oder Ähnlichem beschwert, damit es nicht wegfliegt. Das Vlies ist licht- und wasserdurchlässig und schützt den Boden zuverlässig vor Bodenfrost. Die darunterliegenden Pflanzen werden nicht platt gedrückt, da das Vlies ein geringes Eigengewicht hat. Man kann auch mit Rundbögen aus Metall arbeiten, jedoch erzielt das Vlies die beste Schutzwirkung, wenn es direkt am Boden aufliegt.

DAS KLASSISCHE FRÜHBEET

Ein Frühbeet bekommst du im Handel in vielen verschiedenen Varianten. Es besteht überwiegend aus einem stabilen Aluminiumrahmen und hagel- sowie bruchsicheren Doppelstegplatten oder Glas. Die Platten lassen sehr viel Licht durch, sodass die Pflanzen bestmöglich versorgt werden. Treffen Sonnenstrahlen auf die Platten, erwärmt sich das Innere des Frühbeetes um einige Grad und macht es vor allem in eisigen Winternächten zu einem sicheren Ort für Jungpflanzen. Tagsüber können die Fenster geöffnet werden, denn richtiges Lüften ist sehr wichtig, damit deine Pflanzen wunderbar gedeihen können. Frühbeete sind bei entsprechender Qualität eine sehr langlebige Lösung, die sich nicht nur im Beet direkt am Boden, sondern auch für das Hochbeet sehr gut eignen.

DAS FOLIENZELT

Eine nicht ganz so stabile Alternative zum klassischen Frühbeet ist das Frühbeetzelt aus Gitterfolie und einem dünnen Alu-Gestänge. Es erfüllt wie das bereits genannte Frühbeet alle wichtigen Eigenschaften, indem es Jungpflanzen vor drohendem Bodenfrost schützt, jedoch ist es nicht ganz so stabil wie jenes. Da das Zelt ein sehr geringes Eigengewicht hat, sollte es unbedingt beschwert oder gar am Hochbeet fixiert werden, denn es könnte bei Sturm leicht weggeweht werden.

DER FOLIENTUNNEL

Folientunnel gibt es nicht nur als riesige Tunnel in Gewächshausgröße, sondern auch für das kleinere Beet im Hobbygarten. Im Handel wird der Tunnel als Bausatz, bestehend aus durchsichtiger Folie und halbrunden Bügeln, angeboten. Er eignet sich besonders für Kulturen, die nicht weitläufig über ein großes Beet gepflanzt sind, sondern in Reihen. Der Tunnel wird mithilfe der metallenen Bögen im Boden fixiert, dabei wird die Folie gespannt. Die Enden werden mit einem Schnurzug geschlossen. Die Folie ist zwar lichtdurchlässig, lässt jedoch keinen einzigen Tropfen Regen durch. Zum Wässern oder wenn die Sonne tagsüber stark scheint, muss der Tunnel halb demontiert werden, was ihn eher unpraktisch erscheinen lässt.

PFLANZTUNNEL

Eine etwas praktischere Alternative zum vorgenannten Folientunnel ist der durchsichtige Pflanztunnel aus robustem Kunststoff. Er wird, genau wie der Folientunnel, über die zu schützenden Pflanzen gesetzt, hat aber einen bedeutenden Vorteil. Er verfügt über kleine Löcher im oberen Bereich der Abdeckung, sodass Regen oder Gießwasser hindurchgelangt. Somit muss er nicht abgenommen werden, um die Pflanzen darunter zu gießen.

DAS SPART ZEIT!

Wer kennt es nicht, plötzlich ist Frost angekündigt und es trifft dich ganz unvorbereitet ... Dann öffne deinen Küchenschrank und wähle die größten Gläser, die du finden kannst, und stülpe sie über deine Jungpflanzen. Sie fungieren nun als Mini-Treibhäuser. Aber nicht vergessen, die Gläser tagsüber abzunehmen! Wenn die Sonne scheint, können deine Pflanzen darin schnell eingehen. Zur Not kannst du dich für die Nacht auch mit umgedrehten Eimern oder großen Schüsseln behelfen, die tagsüber wieder entfernt werden.

MINI-TREIBHAUS

Bei dieser Variante handelt es sich um eine Möglichkeit, einzelne Pflanzen zu schützen und nicht ganze Beetflächen, wie es bei den vorherigen Beispielen der Fall war. Hier wird ein Schneckenschutzkragen verwendet, der im Übrigen tatsächlich ein sehr sicherer Schutz vor Schneckenfraß ist, kombiniert mit einer durchsichtigen Haube. Beide Teile bestehen aus robustem Kunststoff und lassen Licht sowie (durch kleine Löcher) auch Regen an die zu schützende Pflanze. Sobald das Mini-Treibhaus nicht mehr benötigt wird, kann die Haube abgesetzt werden, und es bleibt nur noch der Schneckenschutz um die Pflanze stehen.

DIY

WIR BAUEN EIN FRÜHBEET

Es muss nicht immer alles gekauft sein! Mit nur wenigen Handgriffen kannst du dir dein eigenes Frühbeet, ganz nach deinen Wünschen, bauen. Du kannst die Maße abändern und sie an dein Beet oder Hochbeet anpassen.

Das benötigst du (Beet-Maße: 80 x 120 cm)

- → Konstruktionsvollholz-Bohlen (KVH), 4 x 6 cm, verschiedene Längen:
  - → 6 Stück je 1 m
  - → 6 Stück je 0,90 m
  - → 2 Stück je 0,30 m
  - → 2 Stück je 0,40 m
- → 2 Stück Frühbeet-Gitterfolie, 4,20 x 0,50 m und 1 x 0,90 m
- → 3 Scharniere
- → Schrauben aus Edelstahl, 5 x 50 mm
- → Tacker mit passenden Tackernadeln
- → Wetterschutzlasur

So geht's

01 Lasiere das Holz mit einer Schutzlasur, um es wetterfest zu machen.

02 Baue aus jeweils zwei 1 m und 0,90 m langen Bohlen drei gleich große, rechteckige Rahmen.

03 Setze zwei der drei Rahmen mithilfe der kurzen Bohlenstücke, die du senkrecht dazwischensetzt, übereinander. Verwende die 0,30 m langen Hölzer auf der Vorderseite und die 0,40 m langen Hölzer auf der Rückseite, um ein Gefälle zu schaffen, damit das Wasser nach einem Regenschauer besser abfließen kann.

04 Spanne die Folie um die Konstruktion und tackere sie fest.

05 Bespanne den dritten Rahmen mit der restlichen Folie und tackere sie fest – das wird der Deckel des Frühbeets.

06 Schraube die Scharniere an den Rahmen des Deckels.

07 Befestige den Deckel am Untergestell.

08 Stelle das fertige Frühbeet auf das gewünschte Beet und bepflanze es.

TIPP

Du kannst Löcher in die Ecken des unteren Rahmens bohren und jeweils einen Hering durch das Loch und in die Erde stecken, um dein Frühbeet vor Sturm zu sichern.

WELCHE PFLANZEN FÜR DEN GESCHÜTZTEN ANBAU?

Auf den folgenden Seiten möchte ich dir einige Gemüsekulturen vorstellen, die sich besonders gut für den geschützten Freilandanbau eignen und so ein wenig früher gepflanzt oder ausgesät werden können, als es auf dem Samenpäckchen steht.

LEGENDE

- Direktsaat
- Voranzucht
- Frühbeet
- Saattiefe (Dunkelkeimer)
- Saattiefe (Lichtkeimer)
- Keimdauer und Keimtemperatur
- Pflanzung
- Pflanzabstände
- Ernte

KOHLRABI

Der Kohlrabi lässt sich nicht nur supereasy im Hobbygarten anbauen, er ist auch eine perfekte Kultur für den frühen geschützten Anbau.

Sortentipp: 'Azur Star', 'Enrico'

- Direktsaat: ab April
- Voranzucht: Januar bis April
- Frühbeet: vorgezogen ab Februar ins Frühbeet
- Saattiefe (Dunkelkeimer): 1–2 cm
- Keimdauer und Keimtemperatur: ca. 5–8 Tage bei 16–20 °C
- Pflanzabstände: ca. 25 cm
- Ernte: 8–12 Wochen nach Aussaat, je nach Sorte

ASIASALATE

Leckere und zudem noch hübsch anzuschauende Salatblätter in deinem Beet und auf deinem Teller! Asiasalate sind klassische Wintersalate, die sich besonders früh oder besonders spät im Jahr, während der kälteren Monate, im Frühbeet (auch im Gewächshaus) anbauen lassen.

Sortentipp: 'Green in Snow', 'Mizuna', 'Moutarde Rouge Metis', 'Red Giant'

Oktober bis Februar ins Frühbeet säen

1–2 cm

ca. 7–14 Tage

ca. 10 cm

ganzjährig

MÖHREN

Mir war früher nicht bewusst, wie viele Möhrensorten es tatsächlich gibt. Das ist das Wundervolle am Hobbygärtnern, du kannst Sorten kennenlernen, die du so nicht kaufen kannst. Übrigens werden Möhren nach frühen, mittelfrühen, mittelspäten und späten Sorten unterschieden. Hier spielt nicht unbedingt der Aussaatzeitpunkt eine Rolle, sondern die Kulturdauer vom Saatkorn bis zur erntereifen Möhre.

Sortentipp: 'Amiva', 'Gniff' (violette Sorte)

März bis Mai

ab Februar direkt ins Frühbeet säen

1–2 cm

14–28 Tage bei 10–25 °C

ca. 2,5 cm

→ frühe Möhren: 80–90 Tage nach Aussaat

→ mittelfrühe Möhren: 100–120 Tage nach Aussaat

→ mittelspäte Möhren: 120–140 Tage nach Aussaat

→ späte Möhren: 140–190 Tage nach Aussaat

KOHL

Verschiedene Kohlsorten, wie Weißkohl oder Rotkohl, lassen sich bereits früh im Haus vorziehen und können verfrüht im Frühbeet (oder auch im Gewächshaus) kultiviert werden.

Sortentipp: 'Amarant KS' (Rotkohl), 'Filderkraut' (weißer Spitzkohl), 'Wädenswiler Weißkohl' (Weißkohl)

ab März

ab Januar

als vorgezogene Pflanze ab Februar ins Frühbeet pflanzen

1 cm

6–12 Tage bei 15–20 °C

50 cm

Juli bis November

BLUMENKOHL

Der Blumenkohl ist eine eher unempfindliche Kultur, wenn es um den verfrühten, geschützten Freilandanbau geht. Mit seinen leckeren, weißen Röschen sieht er nicht nur dekorativ im Beet aus, sondern schmeckt auch noch bestens.

Sortentipp: 'Neckarperle'

Januar bis April

als vorgezogene Pflanze ab Februar ins Frühbeet pflanzen

0,5–1 cm

ca. 6–12 Tage bei 15–20 °C

50 cm

Juni bis Oktober

KOPFSALAT

Salate kannst du wirklich fast überall anbauen: im Beet, auf dem Balkon, im Kübel, im Frühbeet oder Gewächshaus. Wenn du die richtigen Sorten wählst, kannst du dich fast das gesamte Jahr mit leckerem, frischem Salat selbst versorgen.

Sortentipp: 'Baquieu', 'Maikönig', 'Summertime'

Januar bis Mai

als vorgezogene Pflanze ab Februar ins Frühbeet pflanzen

0,1–0,5 cm

ca. 7 Tage bei 10–15 °C

25–30 cm

Mai bis Oktober

RADIESCHEN

Wie bei den Möhren gibt es auch bei den Radieschen eine wirkliche Fülle an verschiedenen Sorten. Du bekommst sie in kleiner, runder Form und sogar als längliche Frucht. Zartes Rosa, ein dunkles Rot oder rotweiße Radieschen – viele leckere Sorten, die zum Probieren einladen. Da Radieschen eine wirklich kurze Kulturdauer haben, sind sie besonders für Gemüsegartenanfänger*innen geeignet.

Sortentipp: 'National 3', 'Sora'

Februar bis September

ab Februar direkt ins Frühbeet säen

1–2 cm

ca. 6–10 Tage bei 10–20 °C

3–4 cm, Reihenabstand ca. 20 cm

im Frühjahr/Herbst ca. 8 Wochen, im Sommer ca. 3–4 Wochen nach Aussaat

ROTE BETE

Sie schmecken nicht nur aromatisch erdig, sondern sind je nach Sorte ein echter Hingucker auf deinem Salatteller. Denn die Rote Bete bekommst du nicht nur klassisch als rote Kugel, es gibt auch gelbe oder rot-weiß gestreifte Sorten, die genauso lecker sind wie klassische Rote Bete.

Sortentipp: 'Robuschka KS', 'Tonda di Chioggia'

März bis Juli

ab Februar direkt ins Frühbeet säen

1–2 cm

ca. 10–16 Tage bei 8–20 °C

10–15 cm, Reihenabstand 30 cm

ca. 3 Monate nach Aussaat

POSTELEIN

Der Postelein, auch Winterportulak oder Kubaspinat genannt, ist ein winterharter Salat, der im geschützten Anbau mehrmals beerntet werden kann. Er macht im Freiland, im Frühbeet oder auch im Gewächshaus eine gute Figur.

Sortentipp: Hier gibt es keine Sorten

August bis Oktober direkt ins Frühbeet säen

0,5 cm

ca. 7–14 Tage bei 8–12 °C

5 cm, Reihenabstand 20 cm

Oktober bis in den April hinein

BROKKOLI

Der Brokkoli ist eine meiner liebsten Gemüsekulturen. Er sieht nicht nur hübsch im Beet aus, sein Geschmack ist einfach unfassbar gut und passt zu so vielen Gerichten. Wusstest du, dass wenn du nur den Brokkolikopf erntest und den Rest der Pflanze stehen lässt, sich weitere, kleinere Röschen bilden? So kannst du deine Brokkolipflanze bis in den Herbst hinein immer wieder beernten.

Sortentipp: 'Calabrese Natalino'

Januar bis März

als vorgezogene Pflanze ab Februar ins Frühbeet pflanzen

1 cm

ca. 10 Tage bei 18–22 °C

40 cm, Reihenabstand 50 cm

Juni bis Oktober

SPINAT

Der Spinat kann direkt im Beet ausgesät werden und benötigt außer regelmäßiger Wassergaben nicht sehr viel Aufmerksamkeit. Er wächst sehr rasch und kann schon nach kurzer Kulturdauer geerntet werden. Du kannst ihn im Freiland sowie im Gewächshaus oder eben im Frühbeet anbauen.

Sortentipp: 'Butterflay'

März bis April

ab Februar direkt ins Frühbeet säen

2 cm

ca. 7–14 Tage bei 12–20 °C

4–10 cm, Reihenabstand 20 cm

März bis November

Genug mit Pflanzenkunde, jetzt geht's los mit der Bepflanzung deines Frühbeets!

BEETPLAN

DAS RUCK-ZUCK-BEET

Dieses Beet eignet sich wunderbar für Hobbygärtner*innen, die nicht so viel Zeit für die Pflanzenpflege haben, aber rasch leckeres Gemüse ernten möchten.

	Voranzucht	Direktsaat	Frühbeet	Pflanzabstand	Ernte
Radieschen	-	ab Februar	ab Februar	3–4 cm	8 Wochen nach Aussaat
Erbsen	-	März–Mai	ab Februar	3 cm	Juni–August
Kopfsalat	ab Januar	-	ab Februar	25 cm	April–Oktober

Beet-Maße: 90 x 100 cm

ZEITAUFWAND: GERING

→ Pflanzen vorziehen

→ Gießen

→ Frühbeet täglich lüften

→ Beikraut entfernen

→ Nach Schädlingen Ausschau halten

→ Ernten und nachsäen

MEINE SORTENEMPFEHLUNGEN

Radieschen	→ 'Sora' – Runde, karminrote Radieschen. Bleiben auch groß noch lange zart.
Erbsen	→ 'Maxigolt' – Reichtragende Sorte, süße, dunkelgrüne Erbsen.
Kopfsalat	→ 'Maikönig' – Kopfsalat mit grünen Blättern und einem rot angehauchten Blattrand.

JANUAR

→ Du kannst deinen **Kopfsalat** auf der Fensterbank vorziehen.

→ Du kannst das Frühbeet im Beet installieren, damit sich der Boden vorab ein wenig erwärmen kann.

FEBRUAR

→ Dein **Salat** ist bestens gekeimt und die Jungpflanzen wandern jetzt ins Frühbeet.

→ Du kannst die Samen der **Erbsen** vorquellen lassen und als Direktsaat im Beet ausbringen.

→ Die **Radieschen** kannst du ebenfalls direkt ins Beet säen.

→ Erde immer gut feucht halten, bis die Direktsaaten gekeimt sind.

DAS SPART ZEIT!

Lege deine Erbsensamen vor der Aussaat für 24 Stunden in abgekühlten Kamillentee. Der Tee regt die Keimfähigkeit des Saatgutes an.

MÄRZ

- → Dein **Salat** fühlt sich pudelwohl unter dem warmen Frühbeet und wächst rasch.
- → Die **Radieschen** sind gekeimt und bilden ihre runden, kleinen Knollen aus. Ab Ende März kannst du bereits die ersten ernten.
- → Auch die **Erbsen** sind gekeimt und schauen mit ihren grünen Zipfeln aus der Erde.
- → Ab Ende März, wenn die Temperaturen auch nachts milder werden, kannst du das Frühbeet entfernen.

APRIL

- → Endlich lassen sich die ersten leckeren **Salate** ernten. Du kannst weitere Salate vorziehen und an die Stellen ins Beet setzen, wo bereits geerntet wurde.
- → **Radieschen** können nach der Ernte immer wieder nachgesät werden.
- → Sobald das Frühbeet entfernt ist, sollten deine **Erbsen** ein Rankgitter erhalten, am besten solange die Erbsenpflanzen noch klein sind.

MAI

- → Die nachgesetzten **Salate** wachsen munter weiter und können schon bald geerntet werden.
- → Die Ernte der **Radieschen** nimmt kein Ende!
- → Deine **Erbsen** haben das Rankgerüst bereits erklommen und bilden erste kleine Schoten aus.

JUNI

- → Die Ernte von **Salaten** und **Radieschen** geht weiter!
- → Die Schoten deiner **Erbsen** bilden kleine dicke, runde Erbsen aus. Du kannst die Schoten ernten und die Erbsen auspulen.

REZEPT

KRÄUTER-HONIG-VINAIGRETTE

Diese Vinaigrette ist super lecker und ganz schnell zubereitet.

ZUTATEN

- → 2 Schalotten
- → 2 Knoblauchzehen
- → 50 ml Kräuteressig
- → 3 EL Honig
- → 10 EL Olivenöl
- → 10 Basilikum Blätter
- → 2 Stiele Rosmarin
- → 2 Stiele Thymian
- → Salz und Pfeffer

ZUBEREITUNG

01 Schalotten und Knoblauch schälen und fein würfeln.

02 Essig mit Pfeffer, Salz und Honig verrühren.

03 Olivenöl vorsichtig unterrühren.

04 Gewaschene Kräuter abzupfen, fein hacken und untermischen.

05 Lasse die Vinaigrette mindestens 1 Stunde ziehen.

06 Lass es dir schmecken!

BEETPLAN

DER SUPPEN-KASPER

Wenn du auch so ein Suppenliebhaber bist wie ich, dann ist diese Gemüsekombination genau die richtige für dich.

	Voranzucht	Direktsaat	Frühbeet	Pflanzabstand	Ernte
Kohlrabi	Januar	März	ab Februar	30 cm	Mai–Juli
Möhren	-	April–Mai	ab Februar	1–2 cm	130–140 Tage nach Aussaat
Lauch	Januar	-	ab Februar	10–20 cm	Juli–September

Beet-Maße: 90 x 100 cm

ZEITAUFWAND: MODERAT

→ Pflanzen vorziehen
→ Gießen
→ Frühbeet täglich lüften
→ Beikraut entfernen
→ Lauch anhäufeln
→ Nach Schädlingen Ausschau halten
→ Düngen
→ Ernten

MEINE SORTENEMPFEHLUNGEN

Kohlrabi	→ 'Enrico' – Weiße, flachrunde Sorte, geringe Neigung zum Platzen. Für Frühjahr- und Herbstanbau geeignet.
Möhren	→ 'Gniff' – Langsam wachsende Sorte, gut lagerfähig. Außen violett, innen weiß.
Lauch	→ 'Hilari' – Mittelgrüne Sorte mit langen, geschlossenen Schäften. Erträgt mittelstarke Fröste.

JANUAR

→ **Kohlrabi** und **Lauch** sollten jetzt auf der Fensterbank vorgezogen werden.

→ Du kannst das Frühbeet bereits im Beet installieren, damit sich der Boden vorab ein wenig erwärmen kann.

FEBRUAR

→ Ab Februar kann der vorgezogene **Kohlrabi** ins Frühbeet einziehen.

→ Auch der **Lauch** kann jetzt unter das Frühbeet. Ziehe dazu einen breiten, tiefen Graben und setze die Jungpflanzen hinein.

→ Deine **Möhren** kannst du jetzt direkt dazusäen.

DAS SPART ZEIT!

Damit der Lauch helle Schäfte ausbildet, sollte er später angehäufelt werden. Setze deinen Lauch bei der Pflanzung in tiefe Gräben und lasse sie dort wachsen. Ist der Lauch zwei Handbreit hoch, kannst du die Erde einfach an den Seiten zur Pflanze schieben und häufelst somit automatisch an.

MÄRZ

→ Ab Anfang März, wenn die Temperaturen auch nachts milder werden, kannst du das Frühbeet entfernen. Alle drei Kulturen kommen auch mit niedrigeren Temperaturen zurecht.

→ Dein **Kohlrabi** wächst prächtig unter dem warmen Frühbeetaufsatz.

→ Auch der **Lauch** wird größer und größer.

→ Das erste **Möhrengrün** lugt aus der Erde.

APRIL

→ Der **Kohlrabi** bildet schöne Knollen aus.

→ Der **Lauch** sollte jetzt groß genug sein, dass er angehäufelt werden kann. Dazu schiebst du die Erde des Grabens an die Pflänzchen.

→ Das Möhrengrün wird größer und größer und duftet lecker. Es bilden sich bereits die ersten kleinen **Möhren** in der Erde.

→ Ab jetzt in regelmäßigen Abständen düngen, beispielsweise mit Brennnesseljauche oder einem anderen Gemüsedünger.

MAI

→ Ab Mai kannst du den ersten **Kohlrabi** ernten; fülle die leeren Stellen mit neuen Kohlrabi-Jungpflanzen.

→ Der **Lauch** bildet weiter lange grüne Schäfte aus.

→ Mitte/Ende Mai darfst du deine ersten **Möhren** ernten.

JUNI

→ Ernte weiterhin dicke **Kohlrabiknollen**.

→ Dein **Lauch** ist fast schon erntebereit. Warte aber noch bis Anfang Juli, damit er seine Schäfte gut ausbilden kann.

→ Ernte weiterhin **Möhren**. Wenn du nicht alles auf einmal essen kannst, lasse sie bis zum nächsten Erntetag im Beet stehen. Aber behalte sie im Blick! Bei warmen Temperaturen neigen sie dazu, in Blüte zu gehen, dabei wird die Möhre holzig und ist nicht mehr zum Verzehr geeignet. Lässt du sie allerdings blühen, kannst du schon bald dein eigenes Saatgut ernten.

BLUMIGES GEMÜSE

Hier stelle ich dir ein Beet mit superleckerem Gemüse vor, das wirklich kaum Arbeit macht. Das Gemüse sieht dabei richtig hübsch aus: zuerst im Beet und später auch auf deinem Teller.

	Voranzucht	Direktsaat	Frühbeet	Pflanzabstand	Ernte
Rote Bete	Februar	März–Juli	Februar	10–15 cm	Juni–Oktober
Blumenkohl	Januar–März	-	Februar	50–60 cm	Mai–Juli
	Juni–Juli	Juni–Juli	-		September–November
Brokkoli	Januar–März	-	Februar	40–50 cm	Mai–Juli
	Mai–Juni	Mai–Juni	-		September–November

Beet-Maße: 90 x 100 cm

MEINE SORTENEMPFEHLUNGEN

Rote Bete	→ 'Tondo di Chioggia' – Alte, italienische Sorte, außen leuchtend hellrot, innen abwechselnd weiße und rote Ringe.
Blumenkohl	→ 'Neckarperle' – Bildet leckere, weiße Blumen aus, langer Erntezeitraum.
Brokkoli	→ 'Calabrese Natalino' – Traditionelle Sorte, weniger anspruchsvoll. Bildet nach der Ernte bis zum Herbst weitere Seitentriebe.

ZEITAUFWAND: MODERAT

→ Pflanzen vorziehen

→ Gießen

→ Frühbeet täglich lüften

→ Beikraut entfernen

→ Nach Schädlingen Ausschau halten

→ Düngen

→ Ernten

JANUAR

→ Der **Brokkoli** sollte im Haus vorgezogen werden.

→ Auch der **Blumenkohl** darf jetzt schon im Haus vorgezogen werden.

→ **Rote Bete** könntest du für einen Wachstumsvorsprung vorziehen, das ist allerdings kein Muss.

→ Du kannst das Frühbeet bereits im Beet installieren, damit sich der Boden vorab ein wenig erwärmen kann.

FEBRUAR

→ Ab Februar kannst du deine vorgezogenen Pflanzen ins Frühbeet pflanzen.

→ Solltest du **Rote Bete** nicht vorgezogen haben, kannst du sie jetzt direkt ins Frühbeet säen.

→ Erde immer gut feucht halten, bis die Rote Bete gekeimt ist.

MÄRZ

→ **Brokkoli** sowie **Blumenkohl** haben sich an die neue Umgebung gewöhnt.

→ Die ersten Triebspitzen der **Roten Bete** schauen aus der Erde.

→ Ab Anfang/Mitte März kannst du den Frühbeetaufsatz entfernen.

APRIL

→ **Brokkoli** und **Blumenkohl** wachsen prächtig weiter und entwickeln viele neue Blätter, die ersten Röschen werden sichtbar.

→ Das Blattwerk der **Roten Bete** wird immer größer und es bilden sich die ersten zarten Rüben.

→ Ab jetzt in regelmäßigen Abständen düngen, beispielsweise mit Brennnesseljauche oder einem anderen Gemüsedünger.

MAI

→ Ab Mai können die ersten Röschen vom **Brokkoli** geerntet werden. Du hast auch noch einmal die Möglichkeit, weiteren Brokkoli nachzusäen.

→ Auch der **Blumenkohl** ist jetzt erntereif.

→ Die **Roten Beten** werden dicker und dicker.

TIPP

Ernte nur die Hauptblüte des Brokkolis. An den Seitentrieben bilden sich bis in den Herbst hinein neue, kleinere Röschen.

JUNI

→ Ab Juni können auch endlich die **Roten Beten** geerntet werden.

→ Leere Stellen im Beet, wo der Blumenkohl abgeerntet wurde, können mit **Salaten** bepflanzt werden.

→ Jetzt kannst du auch noch weiteren **Blumenkohl** aussäen, den du dann im Herbst ernten kannst.

→ Die beernteten **Brokkolipflanzen** bilden weitere Seitentriebe mit neuen kleinen Röschen.

BEETPLAN

DAS FARBENSPIEL

Diese Beetkombination punktet vor allem mit den guten Beetnachbarn Zwiebel und Möhre, denn sie halten sich gegenseitig Schädlinge zuverlässig vom Leib.

	Voranzucht	Direktsaat	Frühbeet	Pflanzabstand	Ernte
Zwiebeln	Januar	März–April	Februar	5 cm	Juli–Oktober
Möhren	-	März–Mai	Februar	1–2 cm	100 Tage nach Aussaat
Rote Bete	-	März–Juli	Februar	10–15 cm	Juni–November

Beet-Maße: 90 x 100 cm

MEINE SORTENEMPFEHLUNGEN

Zwiebeln	→ 'Red Baron' – Runde bis flachrunde, dunkelrote Sorte, gut lagerfähig.
Möhren	→ 'Amiva' – Sehr frühe Sorte. Lange, spitze Möhren, knackig und saftig.
Rote Bete	→ 'Robuschka KS' – Runde, dunkelrote Sorte. Lässt sich hervorragend lagern.

ZEITAUFWAND: MODERAT

→ Pflanzen vorziehen

→ Gießen

→ Frühbeet täglich lüften

→ Beikraut entfernen

→ Nach Schädlingen Ausschau halten

→ Düngen

→ Ernten

JANUAR

→ Die **Zwiebeln** sollten auf der Fensterbank vorgezogen werden.

→ **Rote Bete** könntest du für einen Wachstumsvorsprung ebenfalls auf der Fensterbank vorziehen, das ist allerdings kein Muss.

→ Du kannst das Frühbeet bereits im Beet installieren, damit sich der Boden vorab ein wenig erwärmen kann.

FEBRUAR

→ Die vorgezogenen **Zwiebelpflänzchen** können bereits ins Frühbeet gepflanzt werden.

→ Die **Möhren** können direkt im Frühbeet ausgesät werden.

→ Solltest du **Rote Bete** noch nicht vorgezogen haben, kannst du sie jetzt direkt ins Frühbeet aussäen. Ansonsten kommt die vorgezogene Rote Bete jetzt ins Frühbeet.

→ Erde immer gut feucht halten, bis die Direktsaaten gekeimt sind.

MÄRZ

→ Das erste Grün der **Möhren** lugt aus der Erde.

→ Das Grün der **Zwiebeln** wächst stetig.

→ Die ersten Triebspitzen der **Roten Bete** schauen aus der Erde.

→ Ab Ende März, wenn die Temperaturen auch nachts milder werden, kannst du das Frühbeet entfernen.

APRIL

→ Die ersten **Möhrchen** lassen sich erahnen.

→ Bei den **Zwiebeln** beginnt die Zwiebelbildung.

→ Das Blattwerk der **Roten Bete** wird immer größer und es bilden sich die ersten zarten Rüben.

→ Ab jetzt in regelmäßigen Abständen düngen, beispielsweise mit Brennnesseljauche oder einem anderen Gemüsedünger.

MAI

→ Du kannst die ersten **Möhrchen** ernten.

→ Die **Roten Beten** werden dicker und dicker.

→ Es lugen kleine, dicke Zwiebeln aus der Erde.

JUNI

→ Ab Juni können endlich die **Roten Beten** geerntet werden.

→ Die **Zwiebeln** können, sobald das Grün welk wird, geerntet werden.

→ Die Ernte der **Möhren** läuft stetig voran.

→ Leere Stellen im Beet kannst du mit **Möhren** oder neuer **Roter Bete** füllen.

DAS SPART ZEIT!

Verwende Steckzwiebeln, anstatt Zwiebeljungpflanzen im Januar vorzuziehen. Die kannst du einfach ab Februar in die Erde stecken, das Frühbeet schützt sie vor Frost.

BEETPLAN

VIER JAHRES-ZEITEN

In diesem Beet ist so einiges los! Du bekommst mehrere tolle Gemüsesorten untergebracht und kannst dein Beet bis in die letzte Ecke wunderbar nutzen.

	Voranzucht	Direktsaat	Frühbeet	Pflanzabstand	Ernte
Knoblauch	-	Februar	Februar	10–15 cm	ab Juli
Spitzkohl	Februar	-	Februar	60 cm	ab August
Rotkohl	Januar–Mai	-	Februar	50 cm	ab Juni
Spinat	-	März–April	Februar	4–10 cm	März–Juni
	-	August–September	-		September–Dezember
Radieschen	-	März–Mai	Januar–Februar	3–4 cm	April–Juli

Beet-Maße: 90 x 100 cm

MEINE SORTENEMPFEHLUNGEN

Knoblauch	→ 'Sprint' – 8–10 Zehen an einer Knolle. Weiße Knollen, leicht violett geflammt. Gut lagerfähig.
Spitzkohl	→ 'Filderkraut' – Weißer Spitzkohl, mittelspät, zuckerreich. Eignet sich hervorragend für Sauerkraut.
Rotkohl	→ 'Amarant KS' – Früher Rotkohl, eher kleinere Köpfe. Längere Anbauphase möglich, da raschwüchsig.
Spinat	→ 'Butterflay' – Raschwüchsige Sorte mit kräftig grüner Blattfarbe. Sehr robust.
Radieschen	→ 'National 3' – Runde, halb rote, halb weiße Sorte, wächst rasch.

ZEITAUFWAND: MODERAT

→ Pflanzen vorziehen

→ Gießen

→ Frühbeet täglich lüften

→ Beikraut entfernen

→ Nach Schädlingen Ausschau halten

→ Düngen

→ Ernten und nachsäen

DAS SPART ZEIT!

Setze die Knoblauchzehen bereits im Herbst, so gewinnst du einen kleinen Wachstumsvorsprung, kannst früher ernten und hast das Beet schneller wieder für Folgekulturen frei.

JANUAR

→ Wenn du den **Knoblauch** im Herbst gesteckt hast, dann schaut das erste Grün bereits jetzt aus der Erde.

→ **Rotkohl** und **Spitzkohl** kannst du jetzt schon auf der Fensterbank vorziehen.

→ Du kannst das Frühbeet bereits im Beet installieren, damit sich der Boden vorab ein wenig erwärmen kann.

FEBRUAR

→ Der **Knoblauch** wächst stetig weiter unter dem warmen Frühbeetaufsatz.

→ Die Jungpflanzen von **Rotkohl** sowie **Spitzkohl** wandern jetzt ins Frühbeet.

→ Den **Spinat** kannst du direkt ins Beet säen.

→ Die **Radieschen** kommen auch direkt ins Beet und werden in Reihen ausgesät.

→ Erde immer gut feucht halten, bis die Direktsaaten gekeimt sind.

MÄRZ

→ Das Grün des **Knoblauchs** wird größer und größer.

→ Auch die **Kohlpflanzen** wachsen stetig.

→ Das erste Grün von **Spinat** und **Radieschen** schaut aus der Erde.

→ Ab Ende März, wenn die Temperaturen auch nachts milder werden, kannst du das Frühbeet entfernen.

MAI

→ Das Blattwerk vom **Knoblauch** wird größer und größer, die Knollen bilden sich aus.

→ An leere Stellen, an denen Radieschen und Spinat bereits abgeerntet sind, kannst du sie nachsäen.

→ Der **Kohl** bildet langsam schöne, feste Köpfe.

JUNI BIS JULI

→ **Spinat** und **Radieschen** können fortwährend geerntet werden.

→ Der **Rotkohl** kann geerntet werden.

→ Der **Spitzkohl** wird größer und wächst stetig. Ab Juli ist er erntereif.

→ Das Grün vom **Knoblauch** wird welk, er kann geerntet werden.

APRIL

→ Halte die Reihen zwischen dem **Knoblauch** frei von Unkraut.

→ Ab jetzt in regelmäßigen Abständen düngen, beispielsweise mit Brennnesseljauche oder einem anderen Gemüsedünger.

→ Die ersten **Radieschen** können geerntet werden.

→ Auch der **Spinat** ist jetzt bereit zur Ernte.

DAS TOMATENHAUS IM FREILAND

Neben den bereits genannten Varianten, dein Gemüse vor späten Nachtfrösten zu schützen, gibt es noch eine weitere Möglichkeit. Und nein, hier geht es noch nicht um das Gewächshaus, sondern um einen Pflanzenunterstand, auch Tomatenhaus genannt. Er soll Kälte, Regen und starken Wind abhalten.

DIE VORTEILE

→ Wärmeliebende Kulturen wie Tomaten, Gurken und Co. stehen hier wärmer und regengeschützter als im Freiland.

→ Deine Gemüsepflanzen bleiben gesund, da hier nicht so schnell durch Nässe begünstigte Pflanzenkrankheiten entstehen.

→ Du hast die Möglichkeit, deine Pflanzen besser hochzubinden, beispielsweise mit Tomatenhaken und Jutebändern.

DIE NACHTEILE

→ Du benötigst einen gewissen Platz, um den Unterstand aufstellen zu können.

→ Selbstgebaut ist das Tomatenhaus zwar kostengünstiger als ein fertig gekaufter Unterstand, Kosten entstehen jedoch trotzdem.

→ Zum Selbstbau brauchst du Geschick und Zeit.

WELCHE PFLANZEN EIGNEN SICH FÜR DEN UNTERSTAND?

→ **Tomaten**, denn sie bleiben bei Regenschauern gerne trocken. So verhinderst du eine Infektion mit der gefürchteten Pilzerkrankung Braunfäule. Außerdem kannst du Tomaten mit einem Unterstand vor starken Winden schützen.

→ **Gurken** kannst du zwar super im Freiland kultivieren, allerdings stehen sie auch hier einfach geschützter und trockener und sind somit besser vor Mehltau geschützt.

→ Auch **Paprikapflanzen** stehen hier recht geschützt.

→ Ähnlich wie Paprika kannst du auch **Chilis** sehr gut im Tomatenhaus kultivieren.

TIPP

Du bekommst auch im Handel Tomatenzelte aus Gitterfolie und Alustangen. Diese sind jedoch oft nicht sehr groß und der Platz ist begrenzt. Außerdem sollten sie unbedingt sturmsicher installiert werden. Wer jedoch nicht so viele Tomatenpflanzen pflanzen möchte oder über nicht so viel Platz verfügt, wird bestimmt sehr viel Freude an den Zelten haben.

DIY

WIR BAUEN EIN TOMATENHAUS

Ein Tomatenhaus benötigt nicht sehr viele Materialien und ist mit ein wenig handwerklichem Geschick im Handumdrehen aufgebaut. Du kannst wählen, ob mit Rückwand oder ohne. Da unser Tomatenhaus an einem Sichtschutzzaun steht, können wir darauf verzichten.

Das benötigst du (Höhe: 2,30–2,50 m, Breite: 2,50 m, Tiefe: 1 m)

- → 3 imprägnierte Zaunpfosten, 7 x 7 cm, je 2,50 m lang
- → 3 imprägnierte Zaunpfosten, 7 x 7 cm, je 2,30 m lang
- → 3 imprägnierte Zaunpfosten, 7 x 7 cm, je 1 m lang
- → 1 Stück PVC-Wellbahn, 76/18er-Profil, transparent, 1,50 x 2,50 m
- → 1 Paket passende Abstandshalter für 76/18er-Profil und Schrauben mit Dichtscheibe
- → 6 Einschlaghülsen, 7 x 7 cm
- → Edelstahlschrauben und Unterlegscheiben für Einschlaghülsen
- → 1 Paket Schrauben, 4 x 70 mm
- → 2 Stück grüner, dickerer Zaundraht, je 2,80 m lang
- → 4 Drahtspanner
- → 6 Edelstahl-Haken
- → bei Bedarf 1 Stück PVC-Wellbahn 76/18er-Profil, transparent, 2,50 x 2,50 m (für die Rückwand)

TIPP

An den Drähten kannst du Kletterhilfen, wie zum Beispiel Tomatenhaken, anbringen. Mehr dazu ab Seite 125.

So geht's

01 Schlage an den vier äußeren Ecken des geplanten Umrisses vier Einschlaghülsen in die Erde. Der Abstand der vorderen zur hinteren Pfostenreihe sollte 85 cm betragen. Zwei weitere Einschlaghülsen mittig der vorderen und hinteren Pfostenreihe in die Erde schlagen.

02 Setze die 2,50 m langen Zaunpfosten in die drei hinteren Einschlaghülsen, die drei 2,30 m langen in die vorderen Einschlaghülsen und fixiere sie mit den passenden Schrauben und Unterlegscheiben.

03 Setze die drei 1 m langen Zaunpfosten quer auf die jeweils vorderen und hinteren Zaunpfosten und verschraube sie.

04 Montiere mithilfe der Abstandshalter und Schrauben die schmale PVC-Wellbahn oben auf die Pfosten, das wird das Dach.

05 Bei Bedarf kannst du die breitere Wellbahn als Rückwand mit Abstandshaltern und passenden Schrauben an die Zaunpfosten montieren.

06 Drehe an den Eckpfosten auf gleicher Höhe und mittig jeweils 1 Metallhaken ins Holz. Durchbohre die mittlere Strebe mit einem dicken Bohrer.

07 Hänge jeweils einen Drahtspanner an die Haken und verbinde den Draht an den Enden mit den Spannern. Ziehe den Draht mittig durch das vorgebohrte Loch der Strebe, spanne ihn straff.

BEETPLAN

BELLA ITALIA

Dein Tomatenunterstand ist gebaut und möchte nun bepflanzt werden. Auf den nächsten Seiten findest du zwei Beetpläne als Beispiele, wie sich so ein Unterstand bepflanzen lässt. Starten wir mit den Klassikern Tomate, Basilikum und Salat.

	Voranzucht	Direktsaat	Pflanzabstand	Ernte
Tomaten	ab Mitte März	-	80–100 cm	ab Juni
Basilikum	März–Mai	-	25 cm	Mai–September
Kopfsalat	Februar–Juli	-	25 cm	Mai–Oktober

MEINE SORTENEMPFEHLUNGEN

Tomaten	→ 'Ananas' – Fruchtig süße, orangerote Fleischtomate, sehr mild, wenig Säure. → 'Zuckertraube' – Kleine, aromatische Tomaten in langen Rispen. → 'Tschernij Prinz' – Stark gerippte, rotbraune Früchte, saftig weiches Fruchtfleisch.
Basilikum	→ 'Rustik' – Sehr aromatisches Basilikum mit großen, gewölbten Blättern.
Kopfsalat	→ 'Summertime' – Dunkelgrüne, robuste Sommersorte. Bildet sehr schöne Köpfe aus.

ZEITAUFWAND: HÖHER

→ Pflanzen vorziehen

→ Gießen

→ Beikraut entfernen

→ Nach Schädlingen Ausschau halten

→ Tomaten ausgeizen

→ Düngen

→ Ernten

MÄRZ

→ Du kannst deine **Salate** auf der Fensterbank vorziehen.

→ Ab Mitte März kannst du auch die **Tomaten** auf der Fensterbank vorziehen.

APRIL

→ Deine **Tomaten** wachsen zu kräftigen Jungpflanzen heran.

→ Deine **Salat**-Jungpflanzen dürfen bereits ins Beet gepflanzt werden.

→ Säe **Basilikum** in Töpfen auf der Fensterbank aus.

→ Stelle deine **Tomaten**-Jungpflanzen täglich für ein paar Stunden ins Freiland, damit sie sich an die Sonne und den Wind gewöhnen können. Aber Achtung! Behalte sie gut im Auge, denn sie können in der Sonne schnell verbrennen. Steigere die Zeit, die deine Jungpflanzen draußen stehen dürfen, nur sehr langsam.

MAI

→ Jetzt dürfen deine **Tomaten** meist schon ins Beet unter den Tomatenunterstand gepflanzt werden. Wohnst du allerdings in Regionen, in denen es länger frostig ist, dann warte mit der Pflanzung unbedingt bis nach den Eisheiligen. Die Eisheiligen sind meistens Mitte Mai.

→ Stelle deinen Tomaten bereits ab der Pflanzung eine Stütze oder Rankhilfe zur Verfügung. Du kannst dafür Tomatenspiralstäbe oder Schnüre mit Tomatenhaken verwenden.

→ Unbedingt auf Nachtfröste achten, notfalls nachts mit einem Vlies abdecken.

→ Passen die Temperaturen, kann jetzt auch das **Basilikum** ins Beet wandern.

→ Ab jetzt in regelmäßigen Abständen düngen, beispielsweise mit Brennnesseljauche oder einem anderen Gemüsedünger.

JUNI

→ Es wird wärmer und deine Pflanzen danken es dir mit starkem Wuchs. Besonders die **Tomaten** geben Vollgas, eventuell findest du schon erste grüne Früchte. Außerdem zeigen sich erste Geiztriebe, die solltest du kontinuierlich entfernen und dabei deine Pflanzen weiter hochbinden oder am Stab fixieren.

→ Du kannst erste **Salate** ernten.

→ Leere Stellen im Beet kannst du mit neuen Salat-Jungpflanzen füllen.

DAS SPART ZEIT!

Kontrolliere deine Tomaten am besten wöchentlich nach Geiztrieben und breche sie aus. So ersparst du dir den Urwald, der ganz schnell entstehen würde, wenn du nicht konstant dranbleibst. Was genau Geiztriebe sind und wie du ausgeizt, erkläre ich dir auf Seite 127.

JULI BIS AUGUST

→ Die ersten **Tomaten** werden im Juli reif – ab jetzt ist ernten angesagt. Außerdem solltest du sie weiterhin ausgeizen und eventuell neu hochbinden.

→ Ernte dein **Basilikum**.

→ Die **Salate** kannst du weiterhin ernten.

BEETPLAN

FRISCHE GÜRKCHEN

Eine Alternative zum Tomaten-Basilikum-Salat-Beet ist dieser Vorschlag hier. Lass unter dem Unterstand doch mal Gurken an Schnüren hochwachsen!

	Voranzucht	Direktsaat	Pflanzabstand	Ernte
Gurke	März–Mai	-	50 cm	Mai–Oktober
Paprika	Februar–April	-	60 cm	Juli–Oktober
Dill	März–April	April–Juli	breitwürfig	Mai–Oktober

Beet-Maße: 100 x 250 cm

MEINE SORTENEMPFEHLUNGEN

Gurke	→ 'Tanja' – Ertragreiche Sorte für den Freilandanbau mit dunkelgrünen, bis zu 35 cm langen Früchten.
Paprika	→ 'Sweet Chocolate' – Zuckersüße, kaffeebraune Früchte. Hervorragend für Salate geeignet. → 'California Wonder' – Starker Wuchs mit super Erträgen, große, blockige Früchte.
Dill	→ 'Tetra' – Robuste Sorte, kräftig-würzig.

ZEITAUFWAND: HÖHER

- → Pflanzen vorziehen
- → Gießen
- → Beikraut entfernen
- → Nach Schädlingen Ausschau halten
- → Düngen
- → Ernten

FEBRUAR

→ Im Februar startest du mit der Aussaat der **Paprika** auf der Fensterbank.

MÄRZ

→ Deine **Paprika** wachsen prächtig und du bekommst starke Jungpflanzen.

→ Du kannst jetzt schon mit der Aussaat von **Dill** auf der Fensterbank beginnen.

APRIL

→ Deine **Paprikapflanzen** werden größer und größer. Sehen sie dagegen etwas schwächlich aus oder bekommen gelbe Blätter, kannst du mit ein wenig Flüssigdünger nachhelfen.

→ Im April ist die perfekte Zeit, um **Gurken** auf der Fensterbank auszusäen.

MAI

→ Jetzt kannst du vielerorts alle vorgezogenen Pflanzen unter den Pflanzenunterstand ins Beet pflanzen. Bitte auf eventuelle Nachtfröste achten und notfalls über Nacht mit einem Vlies abdecken. In kalten Regionen solltest du mit deiner Pflanzung erst Mitte Mai starten, nach den Eisheiligen.

→ Du solltest die **Gurken** an ihrer Rankhilfe anbinden.

→ Beikräuter nach Bedarf immer wieder mal entfernen.

→ Nach Schädlingen Ausschau halten und bei Bedarf handeln.

→ Ab jetzt in regelmäßigen Abständen düngen, beispielsweise mit Brennnesseljauche oder einem anderen Gemüsedünger.

JUNI

→ Deine **Gurken** wachsen prächtig weiter.

→ Deine **Paprika** entwickeln ihre ersten Blüten.

→ Es riecht bereits herrlich nach **Dill**.

JULI

→ Du entdeckst die ersten **Gürkchen** und kannst auch schon einige ernten.

→ Die ersten unreifen **Paprika** hängen an den Pflanzen.

AUGUST

→ Du erntest fleißig **Gurken**.

→ Auch deine **Paprika** können bereits geerntet werden.

→ Der **Dill** kann geerntet werden.

KAPITEL 03

Keine ZEIT fürs GEWÄCHS-HAUS

Ein Traum aller Hobbygärtner*innen ist wohl das eigene Gewächshaus, oder nicht? Mit einem Gewächshaus lassen sich jedenfalls ganz viele Gartenträume erfüllen. Auf den nächsten Seiten findest du allerlei Informationen zu diesem spannenden Thema.

WELCHES GEWÄCHSHAUS DARF'S SEIN?

Es gibt viele verschiedene Gewächshaus-Varianten.
Ich habe dir hier einmal die gängigsten zusammengestellt.
Ob selbst gebaut oder als Bausatz, da bleiben keine Wünsche
offen und du kannst deinen Gewächshaustyp so wählen,
wie er zu deinen Bedürfnissen passt.

DIE VARIANTEN

→ Wunderschöne Gewächshäuser bestehen aus einer Kombination aus Aluminiumrahmen und Sicherheitsglas. Es gibt sie in verschiedenen Größen und Formen und oft kannst du die Anzahl der Fenster und Türen frei wählen.

BEI DIESEM GEWÄCHSHAUS HANDELT ES SICH UM EIN GLASHAUS IN DER GRÖSSE 3 X 5 METER, AUSGESTATTET MIT ZWEI DOPPEL-STALLTÜREN UND SECHS DACHFENSTERN MIT AUTOMATISCHEN FENSTERÖFFNERN.

→ Meist baugleich zu den Glasvarianten gibt es auch sehr schöne Gewächshäuser mit einem Aluminiumrahmen und – statt des Glases – mit robusten Doppelstegplatten.

→ Eine andere Bauweise ist das Gewächshaus aus Doppelstegplatten und Holzbalken. Mit ein wenig handwerklichem Geschick geht das recht fix. Wie, verrate ich dir ab Seite 98.

→ Ein besonderes, individuelles Gewächshaus kann man aus alten Fenstern bauen. Dieses sieht nicht nur wunderschön aus, es erfüllt genauso seine Funktion wie die handelsüblichen Alu-Modelle.

→ Gewächshäuser aus Folie sind sehr praktisch, da du sie nach der Saison ganz einfach wieder abbauen und notfalls an einer anderen Stelle wieder aufbauen kannst. Allerdings ist es ratsam, dieses Gewächshaus gut vor Sturm zu sichern, damit es dir nicht schon bei kleinen Windböen wegfliegt.

EIN GEWINN FÜR DEINEN GARTEN

Ein Gewächshaus ist eine wahre Bereicherung für deinen Garten. Egal ob für Gemüse, Obst oder als gemütlicher Ruheort – du wirst dein kleines Refugium im Garten garantiert lieben.

DIE VORTEILE

→ Mit einem Gewächshaus kannst du die Gartensaison verlängern: Du kannst schon früher im Jahr starten und wirst bis in den Herbst hinein mit einer reichen Ernte belohnt, während es im Freiland teilweise zu kalt ist.

→ Wenn die Witterung passt, kannst du im Gewächshaus schon früh mit der Anzucht von Jungpflanzen starten, denn hier stimmen vor allem die Lichtverhältnisse.

→ Im Gewächshaus herrscht ein ganz anderes Klima als im Freiland. Es ist viel wärmer und deine Pflanzen sind sturm- und regensicher untergebracht. Es ist ein perfekter Ausweichort für deine Pflanzen bei schlechter Witterung.

→ Vor allem wärmeliebendes Gemüse wie Tomaten, Gurken, Chili, Paprika und Auberginen fühlen sich aufgrund des wärmeren Klimas hier pudelwohl.

DIE NACHTEILE

→ Da in Gewächshäusern oft Jahr für Jahr die gleichen Kulturen angebaut werden, können sich Erreger verschiedenster Pflanzenkrankheiten oder auch bestimmte Schädlinge in deinem Gewächshaus ansiedeln.

→ Die Belüftung ist essenziell wichtig und sollte nicht vergessen werden! Im Sommer können bei geschlossenen Fenstern und Türen ganz schnell Temperaturen von 50–60 °C im Gewächshaus erreicht werden.

→ Auf den Regen kannst du dich hier nicht verlassen. Du musst also regelmäßig gießen.

TIPP

Bevor du die ersten Pflanzen in dein Gewächshaus setzt, solltest du unbedingt einen Frühjahrsputz machen und dein Glashaus von oben bis unten mit warmem Wasser und einem Spritzer Essig reinigen. So beugst du Krankheiten und Schädlingsbefall vor.

TIPP

Um zu hohe Temperaturen zu vermeiden, kannst du automatische Fensteröffner einbauen, die so eingestellt werden, dass sie ab einer gewissen Temperatur von alleine öffnen.

TIPP

Ein Gewächshaus ab einer Größe von etwa 10 m^2 ist empfehlenswert. Hier staut sich die Hitze nicht so stark, wie es in einem kleineren Modell der Fall wäre.

SELBER BAUEN ODER KAUFEN?

Du hast die Qual der Wahl. Du kannst dir ein Gewächshaus natürlich als fertigen Bausatz kaufen oder du planst und baust dir selber ein hübsches Häuschen, das keine Wünsche offenlässt.

DIE VORTEILE EINES BAUSATZES

→ Fertige Bausätze bekommst du in verschiedenen Größen und Farben.

→ Die Teile sind passgenau aufeinander abgestimmt, dadurch lässt es sich schnell aufbauen.

→ Bei Bausätzen hast du bei einigen Herstellern die Möglichkeit, Monteure dazuzubuchen, die dir das Gewächshaus ganz professionell und mit geübter Hand aufbauen, ohne dass du dir über dem Bauplan den Kopf zerbrechen musst.

→ Passend für das jeweilige Gewächshaus bekommst du verschiedenstes Zubehör, wie zum Beispiel Regale oder Pflanztische.

DIE VORTEILE VON DIY-GEWÄCHSHÄUSERN

→ Bei selbst gebauten Gewächshäusern liegt alles in deiner Hand. Du wählst aus, aus welchem Material es bestehen soll, welche Bauform oder wie hoch das Dach sein soll. Du baust es ganz individuell nach deinen Wünschen!

DARAUF SOLLTEST DU ACHTEN!

Bevor du mit dem Bau deines Gewächshauses startest, egal ob es ein Bausatz oder ein selbst gebautes Haus werden wird, solltest du einige Punkte beachten:

→ Ist dein Garten groß genug für ein Gewächshaus?

→ Wo soll es stehen? Denn ist es erst einmal aufgebaut, lässt es sich nicht mehr so schnell versetzen.

→ Wie groß soll das Gewächshaus werden? Überlege gut! Solltest du genügend Platz haben, dann wähle ein größeres Haus – vertrau mir!

→ Du solltest dich bei deinem Bauamt informieren, ob du für das Gewächshaus eine Baugenehmigung benötigst. Das ist je nach Bundesland verschieden geregelt.

→ Auf welchem Fundament soll das Gewächshaus stehen? Soll es ein Punktfundament werden (das bedeutet, dass das Fundament nur punktuell mit Beton im Boden fixiert wird) oder soll es ein Streifenfundament bekommen, zum Beispiel aus einer halbhohen gemauerten Wand?

→ Wie möchtest du dein Gewächshaus ausrichten? Du solltest darauf achten, dass es bestenfalls mit der größten Fläche Richtung Süden ausgerichtet ist. Denn dein Gemüse benötigt viel Sonnenlicht und so lässt sich die Vegetationszeit verlängern.

→ Möchtest du dein Gewächshaus mit einer Heizung ausstatten oder nicht? Das würde dann noch einmal die Kosten steigern, allerdings hat dies im Winter viele Vorteile.

DIY

WIR BAUEN EIN GEWÄCHSHAUS

Dieses hübsche Gewächshaus besteht aus Holzbalken und Wellbahnen und ist von der Bauweise her sehr simpel und leicht nachzubauen.

Vorab-Überlegungen

Überlege folgende Punkte vor Baubeginn:

→ Welche Größe soll das DIY-Gewächshaus haben?

→ Welche Grundform soll es haben: rechteckig oder quadratisch?

→ Wie hoch sollen die Wände werden?

→ Welche Form soll das Dach bekommen?

→ An welcher Wand soll die Tür eingebaut werden?

→ Möchtest du zusätzliche Fenster einbauen?

Bei mir hat sich ein Gewächshaus-Grundmaß von 3 x 5 m bewährt, als Maße der Seitenwände empfehle ich Folgende:

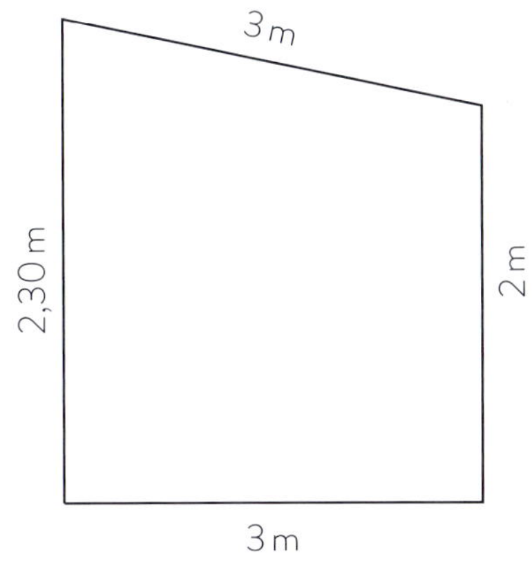

Das benötigst du für die **Wände**

→ 11 Einschlaghülsen, 7 x 7 x 90 cm, mit passenden Schrauben und Unterlegscheiben

→ 7 imprägnierte Zaunpfosten, 7 x 7 cm, je 2,30 m lang (für die hohe Seite)

→ 4 imprägnierte Zaunpfosten, 7 x 7 cm, je 2 m lang (für die niedrige Seite)

→ 18 imprägnierte Zaunpfosten 7 x 7 cm, je 1,80 m lang (Querbalken für die langen Wände)

→ 8 imprägnierte Zaunpfosten, 7 x 7 cm, je 1,20 m lang (Querbalken für die kurzen Wände)

→ 50 verzinkte Bauwinkel, 6 x 6 cm, mit passenden Schrauben

→ 2 Polyester-Wellbahnen, Sinus 76/18, natur, je 5 x 2,50 m

→ 2 Polyester-Wellbahnen, Sinus 76/18, natur, je 3 x 2,50 m

→ ca. 250 passende Abstandshalter 76/18 und V2A-Schrauben mit Dichtscheiben

TIPP

Ein Rat vorab: Baue zuerst die gesamte Holzkonstruktion mitsamt der Dachbalken, bevor du mit den Wellbahnen für Dach und Wand beginnst. Damit die Bauanleitung übersichtlicher wird, beschreibe ich den Wand- und Dachaufbau getrennt voneinander.

Die Wände – So geht's

01 Schlage die Einschlaghülsen in den Boden, die Abstände richten sich nach der gewünschten Gewächshausgröße. Setze die 2,30 m und 2 m langen Zaunpfosten in die Hülsen und befestige sie mit den passenden Schrauben.

02 Setze die Querbalken mit Winkeln zwischen die senkrechten Pfosten, um die Konstruktion zu stabilisieren: Die 1,80 m langen Balken verwendest du für die langen Wände, die 1,20 m langen Balken für die kürzeren Wände. Schraube sie an.

03 Rolle die Wellbahnen ab und befestige sie mithilfe der Abstandshalter und V2A-Schrauben von außen an der Konstruktion. Die beiden 5 m langen Bahnen verwendest du für die langen Wände, die beiden 3 m langen Bahnen für die kurzen Wände. Die Wellbahn muss an den kurzen Seiten noch an die Dachschräge angepasst und mit einem Winkelschleifer zugeschnitten werden.

Das benötigst du für das **Dach**

- → 4 Konstruktionsvollholz-Holzbalken (KVH), 8 x 16 cm, je 3,50 m lang
- → 4 Dachlatten, 3 x 5 cm, je 5 m lang
- → 8 verzinkte Bauwinkel, 6 x 6 cm
- → Polyester-Wellbahn, Sinus 76/18, natur, 5 x 3,50 m
- → 125 passende Abstandshalter 76/18 und V2A-Schrauben mit Dichtscheibe

Das Dach – So geht's

01 Sobald die Wände stehen, kann es mit dem Dach weitergehen. Schraube die KVH-Balken mithilfe der Winkel an die senkrechten Balken der Wände.

02 Die Dachlatten kannst du jetzt quer an die KVH-Balken schrauben, sodass sie über die gesamte Länge des Gewächshausdaches verlaufen.

03 Lege die Wellbahn über die Dachkonstruktion und befestige sie mit den passenden Abstandshaltern und Schrauben.

Aus ein paar zusätzlichen Latten und Winkeln kannst du dir Rahmen für die Tür und die Fenster zusammenschrauben. Montiere sie mit Scharnieren an die vorhandene Wandkonstruktion, verschraube sie mit der Wellbahn und schneide zum Schluss die Wellbahn ein, sodass eine bewegliche Tür oder ein Fenster entsteht.

DIE INNENEINRICHTUNG

Dein Gewächshaus ist gebaut. Nun geht es an die Inneneinrichtung, damit du den Platz deines Gewächshauses auch perfekt ausnutzt und gern darin arbeitest.

DIE AUFTEILUNG DER BEETE

→ Meist macht es Sinn, die Beetfläche an den Außenwänden entlang zu gestalten und in der Mitte einen Weg zu lassen, damit du überall gut an deine Pflanzen herankommst. Mit Holzbalken oder Steinen lassen sich schöne Beetumrandungen gestalten.

Damit in deinem Gewächshaus kein holpriger Trampelpfad entsteht, kannst du den Weg zwischen deinen Beeten mit Terrassenplatten oder Holzhackschnitzeln bedecken. Das unterdrückt nicht nur Unkraut, sondern wertet das Gewächshaus auch optisch auf.

KLETTERHILFEN

Mit Rankgittern oder waagerecht gespannten Drähten hast du die Möglichkeit, Gurken hochranken zu lassen und diese bestens zu fixieren. Die Drähte sind außerdem äußerst nützlich, wenn du Tomatenhaken oder Schnüre zum Hochbinden deiner Tomaten verwenden möchtest. Nutze dafür am besten einen Zaundraht und einen Drahtspanner.

REGALE UND PFLANZTISCHE

Sehr sinnvoll im Gewächshaus sind auch Pflanztische oder Regale. Hier hast du die Möglichkeit, deine Anzuchten und Gartenwerkzeuge unterzubringen.

LASS UNS SCHATTEN SPENDEN!

Im Gewächshaus wird es sehr schnell warm, was natürlich äußerst nützlich für den Gemüseanbau ist. Im Sommer kann es aber auch mal ganz schnell heiß im Inneren werden. Zeit, deinem Gemüse Schatten zu spenden.

SCHATTIERGEWEBE

→ **Schattiernetze** sind sehr praktisch. Du kannst sie passend zu deiner Gewächshausgröße kaufen und musst sie nur noch am Dach und/oder an der Wand fixieren. Die Netze sind nicht komplett blickdicht und es kommt noch genügend Licht an dein Gemüse.

→ Eine schöne Alternative sind **Schilfmatten.** Sie sehen nicht nur sehr hübsch aus, sondern bringen schnell Abkühlung in dein Gewächshaus. Hierbei solltest du jedoch darauf achten, dass du die Schilfmatten nur dezent einsetzt, damit das Innere nicht zu sehr abgedunkelt wird.

NATÜRLICHE SCHATTENSPENDER

Wie wäre es, wenn du dein Gewächshaus auf natürliche Weise beschattest und den Platz vor dem Haus (bestenfalls an der sonnigsten Seite) für deinen Gemüseanbau nutzt? So erhältst du einen Schattenspender, der dir zusätzlich noch einen vollen Erntekorb beschert.

→ Pflanze **Physalispflanzen,** die ein wenig höher wachsen. Du kannst auch **Stangenbohnen** an einer Rankhilfe an deinem Gewächshaus hochwachsen lassen. **Freilandgurken** würden sich hierfür ebenfalls sehr gut eignen.

→ Montiere ein stabiles Rankgitter außen an dein Gewächshaus und bepflanze es mit **Weintrauben** oder **Kiwipflanzen.** Diese Pflanzen wachsen bestenfalls mehrere Jahre an Ort und Stelle, bekommen von Jahr zu Jahr mehr Blattwerk und beschatten dein Gewächshaus nachhaltig – ohne, dass du jedes Jahr neu pflanzen musst.

WIR WACHSEN GERN IM GEWÄCHSHAUS

Darf ich dir ein paar Gemüsekulturen vorstellen, die sehr gerne im Gewächshaus wachsen? Einige Gemüsearten sind perfekt für den Anbau im Treibhaus geeignet – und ich verrate dir auch warum.

LEGENDE

- Direktsaat
- Voranzucht
- Saattiefe (Dunkelkeimer)
- Saattiefe (Lichtkeimer)
- Keimdauer und Keimtemperatur
- Pflanzung im Gewächshaus
- Pflanzung im Freiland
- Pflanzabstände
- Ernte

HINWEIS

Samen von Dunkelkeimern müssen tiefer in der Erde liegen, da sie es dunkel haben müssen, um keimen zu können. Lichtkeimer benötigen hingegen Licht, um keimen zu können, und sollten höchstens hauchdünn mit Erde bedeckt werden.

GURKEN

Gurken fühlen sich im Gewächshaus pudelwohl, aber dusche sie ab und an einmal von allen Seiten ab, um Schädlinge fernzuhalten. Versuche dich auch an besonderen Sorten wie der Zitronengurke oder der Mexikanischen Minigurke.

- Direktsaat: ab Mai
- Voranzucht: April bis Mai
- Saattiefe: 2–3 cm
- Keimdauer: ca. 4–6 Tage bei 22–28 °C
- Pflanzung im Gewächshaus: ab Mitte April
- Pflanzung im Freiland: ab Mitte Mai
- Pflanzabstände: ca. 50 cm
- Ernte: ca. 3 Wochen nach der Blütenbildung möglich

PAPRIKA

Paprika mögen es gerne sehr warm, müssen allerdings nicht unbedingt im Gewächshaus gepflanzt werden. An einem sonnigen Standort im Freiland gedeihen sie auch sehr gut. Im Gewächshaus profitieren sie vom warmen Klima und lassen sich perfekt neben Gurken und Salaten pflanzen. Es gibt blockartige Sorten und auch sehr leckere Spitzpaprika. Wenn du deine Paprikapflanzen selber vorziehen möchtest, solltest du schon sehr früh im Jahr beginnen, da sie eine lange Kulturdauer haben.

Januar bis März

1 cm

ca. 10–14 Tage bei 22–25 °C

ab Mitte April

ab Mitte Mai

ca. 40–50 cm

im Gewächshaus ab Mitte Juli

CHILI

Wie schon bei der Paprika beschrieben, gedeihen auch Chilis im Gewächshaus und im Freiland sehr gut. Sie sind sehr wärmeliebend und benötigen einen sonnigen Standort. Du bekommst Saatgut vieler verschiedener Sorten und Schärfegrade. Auch die Chili hat eine lange Kulturdauer. Damit du im Herbst nicht nur unreife Früchte an den Pflanzen hängen hast, kannst du mit der Anzucht bereits im Januar beginnen.

Januar bis Februar

1 cm

ca. 14–28 Tage bei mindestens 25 °C

ab Mitte April

ab Mitte Mai

ca. 40–50 cm

4–6 Monate nach Aussaat

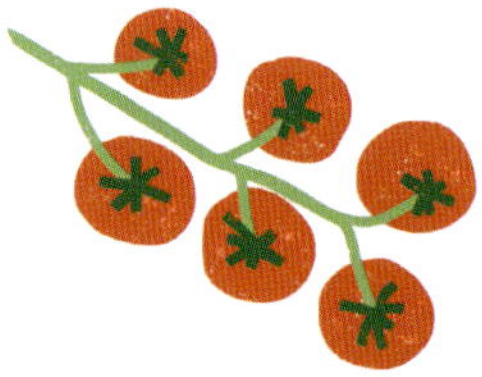

BUSCHTOMATEN

Wenn du Tomaten im Kübel oder in kleineren Beeten anbauen möchtest, dann solltest du auf Buschtomaten setzen. Sie wachsen sehr kompakt, bis maximal 50 cm Höhe und benötigen höchstens einen Stützstab. Auch im Gewächshaus lassen sie sich gut anbauen und profitieren von dem warmen Klima im Glashaus.

- März bis April
- 0,5 cm
- ca. 6–8 Tage bei 22–28 °C
- ab Mitte April
- ab Mitte Mai
- ca. 50 cm
- bei frühen Sorten erste Ernte 50–70 Tage nach der Befruchtung, bei späten Sorten 90 Tage nach der Befruchtung

STAB-, KIRSCH- UND FLEISCHTOMATEN

Tomaten sind klassische Gewächshauspflanzen. Sie profitieren von den warmen Temperaturen, und sind dort vor schlechtem Wetter und vor allem vor Regen geschützt. Viele Sorten gedeihen nur im geschützten Anbau gut, da sie nicht sehr resistent gegen die Kraut- und Braunfäule sind. Mehr dazu verrate ich dir ab Seite 128.

Tomaten bekommst du beispielsweise als Fleischtomate mit großen, fleischigen Früchten, aber auch als Kirschtomate mit vielen kleinen Tomaten. Da es so viele verschiedene, äußerst leckere Tomaten gibt, ist es wirklich sinnvoll, sie selbst auszusäen. Die Vielfalt an Saatgut ist einfach beeindruckend.

- März bis April
- 0,5–1 cm
- ca. 6–8 Tage bei 22–28 °C
- ab Mitte April
- ab Mitte Mai
- ca. 50 cm
- bei frühen Sorten erste Ernte 50–70 Tage nach der Befruchtung, bei späten Sorten 90 Tage nach der Befruchtung

AUBERGINE

Die Aubergine ist eine sehr wärmeliebende Pflanze, die sich wunderbar im Gewächshaus anbauen lässt. Meist werden Auberginen etwa 60–100 cm hoch und sie benötigen einen Stützstab. Sie lassen sich auch wunderbar in größeren Pflanzkübeln anbauen. Neben den bekannten lila Sorten gibt es auch sehr dekorative Auberginen in Weiß oder weiß-lila gestreift.

- Januar bis Februar
- 1 cm
- ca. 7–14 Tage bei 22–28°C
- ab Mitte April
- ab Mitte Mai
- ca. 80 cm
- ab Juli

ARTISCHOCKE

Die Artischocke ist eine dekorative Pflanze im Gemüsegarten und wertet jedes Beet optisch auf. Ihre Blütenknospen können vor der Blüte geerntet werden und schmecken einfach fabelhaft. Wenn die Witterungsbedingungen passen, ist die Artischocke eine mehrjährige Pflanze. Überwinterst du sie im Gewächshaus, hast du viele Jahre Freude an deinen Artischockenpflanzen.

- Februar bis März
- 1–2 cm
- 10–20 Tage bei 18–22 °C
- ab Mitte Mai
- 80–100 cm
- Blütenknospen ernten, bevor sie sich öffnen

KURKUMA

Kurkuma ist bekannt für seine entzündungshemmenden Eigenschaften und lässt sich vor allem wegen des warmen Klimas hervorragend im Gewächshaus anbauen. Frisch aus dem Garten schmeckt Kurkuma viel intensiver als getrocknet aus dem Supermarkt. Darüber hinaus ist sie eine hübsche Pflanze, die jedes Beet optisch aufwertet.

- ab Januar auf der Fensterbank vorkeimen lassen
- nach der Keimung 2–3 cm tief einpflanzen, mit den Augen nach oben
- erste Triebe nach 3–6 Wochen bei 20–25 °C
- ab Mai
- ab Mai
- 40–50 cm
- 8–10 Monate nach der Auspflanzung, wenn die Blätter gelb werden

INGWER

Ingwer ist nicht nur sehr lecker, sondern auch supergesund. Er wird in der Medizin und in der Küche gleichermaßen sehr gerne verwendet. Ingwer wächst aus Rhizomen, die unter der Erde liegen. Er bevorzugt ein warmes Klima und ist somit im Gewächshaus bestens aufgehoben.

- ab Januar auf der Fensterbank vorkeimen lassen
- nach der Keimung 2–3 cm tief einpflanzen, mit den Augen nach oben
- erste Triebe nach 3–6 Wochen bei 20–25 °C
- ab Mai
- ab Mai
- 40–50 cm
- 8–10 Monate nach der Auspflanzung, wenn die Blätter gelb werden

MELONEN

Wer liebt sie nicht: leckere, erfrischende Melonen im Sommer. Und auch diese lassen sich wunderbar im warmen Klima des Gewächshauses anbauen. Ob Wassermelone, Zuckermelone oder Honigmelone – nimm, was dir schmeckt. Mit ihren langen Ranken benötigen Melonen ein wenig Platz und bestenfalls eine Rankhilfe, damit sie wunderbar wachsen können.

- März bis April
- 1–2 cm
- 7–14 Tage bei 20–28 °C
- ab Ende April
- ab Ende April
- ca. 60 cm
- ab Ende Juli

BASILIKUM

Das Basilikum ist wohl das mit Abstand beliebteste Gewürzkraut und das nicht nur in der italienischen Küche. Für den Selbstanbau im Garten hast du eine tolle Sortenauswahl, zum Beispiel das bekannte Genoveser Basilikum, Thai-Basilikum oder rotblättriges Basilikum. Auch das Strauchbasilikum ist superlecker und eine hübsche, strauchartige Pflanze, die ein echter Hingucker im Beet und ein wahrer Bienenmagnet ist.

- ab März oder April
- 0 cm
- 14–20 Tage bei 20–25 °C
- ab Ende April
- ab Mitte Mai
- 20–30 cm
- ab ca. 8 Wochen nach Aussaat

THYMIAN

Der Thymian ist ein vielseitiges Gewürz und sehr beliebt in der Küche. Im Beet präsentiert er sich als eine sehr robuste und pflegeleichte Pflanze, die duftet und sich auch super als Bodendecker im Beet macht.

März bis Mai

0,5 cm

10–20 Tage bei 15–20 °C

März bis Mai

April bis Mai

20–30 cm

am besten kurz vor der Blüte im Frühsommer

ROSMARIN

Rosmarin ist ein mehrjähriges, pflegeleichtes Gewächs und sollte in keinem Garten fehlen. Durch seinen starken Geruch vertreibt er auch so manchen Schädling. Statt der Aussaat kann der Rosmarin auch sehr gut über Stecklinge vermehrt werden.

ab März im Haus

0,5 cm

15–35 Tage bei 16–24 °C

ab Mai

Mai bis Juni

ca. 40 cm

ganzjährig, am besten noch vor der Blüte

TAGETES

Die Tagetes wird auch Studentenblume genannt und ist ein perfekter Mischkulturpartner, wenn es darum geht, zuverlässig Nematoden vom Beet fernzuhalten. Außerdem vertreiben sie, als Beetumrandung gepflanzt oder einzeln zwischen die Gemüsekulturen gesetzt, verschiedene Fliegenarten.

ab Mai
ab März
0,5 cm
10–20 Tage bei ca. 20 °C
ab Mai
ab Mitte Mai
20–35 cm
-

RINGELBLUME

Die Ringelblume ist nicht nur als Heilpflanze sehr bekannt, sie ist außerdem ein sehr guter Mischkulturpartner. Ihre Wurzeln sondern Stoffe in den Boden ab, die Nematoden zuverlässig von deinem Gemüse fernhalten. Sie wertet jeden Gemüse- oder Bauerngarten optisch auf.

April bis Juni
0,5 cm
7–14 Tage bei 12–18 °C
25–30 cm
-

WIR WOLLEN BITTE NICHT INS GEWÄCHSHAUS

Es gibt die auf den vorherigen Seiten beschriebenen Kulturen, für die ein Leben im Gewächshaus optimal ist. Und es gibt andere, die im Freiland bei Wind und Wetter viel besser wachsen, und solche, die im Gewächshaus vielleicht ebenfalls wachsen würden, bei denen man aber aus anderen Gründen dennoch darauf verzichtet.

SÜSSKARTOFFELN

Die Süßkartoffel ist lecker und sehr gesund und sie lässt sich sehr gut im Garten anbauen. Sie benötigt aber ein wenig mehr Platz, um gut ranken zu können. Deshalb ist es fast schon logisch: Aus Platzgründen gehört die Süßkartoffel nicht ins Gewächshaus! Sie würde in kürzester Zeit das halbe Gewächshaus in Anspruch nehmen und viel Platz vergeuden. Du kannst sie statt im Beet auch im Kübel anbauen. Dieser sollte mindestens 50 l groß sein – je größer, desto besser.

KARTOFFELN

Eigene Kartoffeln sind toll, eignen sich jedoch nicht unbedingt fürs Gewächshaus, da sie – ähnlich wie Süßkartoffeln – sehr viel Platz benötigen. Darüber hinaus gedeihen sie im Freiland prächtig und können übrigens auch sehr gut in Kübeln angebaut werden.

KOHL

Weißkohl, Rotkohl, Grünkohl, Rosenkohl – die müssen nicht ins Gewächshaus. Sie werden teilweise sehr groß und ausladend und der Platz im Gewächshaus ist begrenzt. Da alle Kohlarten auch mit kühleren Temperaturen sehr gut zurechtkommen, werden sie besser im Freiland als im Gewächshaus kultiviert. Allerdings kannst du einzelne Kohlpflanzen ruhig als Mischkulturpartner, beispielsweise zwischen Tomaten, ins Gewächshaus setzen – da solltest du jedoch auf eine ausreichende Düngung achten.

ERBSEN

Erbsen gedeihen besser bei niedrigeren Temperaturen, im Gewächshaus wird es ihnen schnell zu warm. Außerdem benötigen sie eine Kletterhilfe, was den Platz um einiges verringern würde – und Platz ist ein kostbares Gut im Gewächshaus.

BOHNEN

Wie bei den Erbsen spielt der Platzfaktor auch bei Bohnen eine entscheidende Rolle. Stangenbohnen benötigen sogar zwingend eine Rankhilfe. Buschbohnen wachsen kompakter, sind aber auch das falsche Gewächs für ein Gewächshaus. Sie gedeihen wunderbar im Freiland und so sollte der Platz im Glashaus eher an eine wärmeliebende Kultur vergeben werden.

MAIS

Mais ist überhaupt nicht fürs Gewächshaus geeignet! Zum einen nimmt er sehr viel Platz ein und zum anderen benötigt er den Wind, denn Mais ist ein Windbestäuber. Hinzu kommt, dass das nur klappt, wenn du mehrere Maispflanzen gemeinsam pflanzt. Durch einen Luftzug wird der Pollen von einer Blüte zur anderen transportiert – und das geht nur im Freiland.

KÜRBIS

Eine Kürbispflanze würde mit ihren langen Ranken recht schnell das komplette Gewächshaus einnehmen. Pflanze sie eher an eine stabile Rankhilfe, die an einem sonnigen Standort im Freiland steht. Hier werden deine Kürbisse wunderbar gedeihen.

GENUG MIT PFLANZENKUNDE, JETZT GEHT'S LOS MIT DER BEPFLANZUNG DEINES GEWÄCHSHAUSES!

BEETPLAN

DEIN GEWÄCHSHAUS IM HERBST UND WINTER

Dein Gewächshaus lässt sich nicht nur im Frühling und Sommer, sondern auch im Herbst und Winter nutzen. Auf den folgenden Seiten findest du Ideen, wie du dein unbeheiztes Gewächshaus durch alle Jahreszeiten hindurch bepflanzen kannst.

	Voranzucht	Direktsaat	Pflanzabstand	Ernte
Knoblauch	-	ab Oktober	10–15 cm	ab Juni
Spinat	-	August–Oktober	4–10 cm	September–November
Asiasalate	-	September–November	10–15 cm	November–Mai
Pflücksalat	-	April–Oktober	20 cm	ab April
Feldsalat	-	August–November	1,5–4 cm	Oktober–März

Beet-Maße: 100 × 200 cm

ZEITAUFWAND: GERING

→ Ab und an im Winter gießen nicht vergessen

→ Bei steigenden Temperaturen Gewächshaus regelmäßig lüften

→ Ernten

MEINE SORTENEMPFEHLUNGEN

Knoblauch	→ 'Sprint' – Aromatisch, gut lagerfähig, sehr früh erntereif.
Spinat	→ 'Butterflay' – Raschwüchsig, mit kräftig grüner Blattfarbe, sehr robust.
Asiasalat	→ Asiasalatmischung – Bestehend aus: 'Green in Snow', 'Red Giant', 'Mizuna' und 'Moutarde Rouge Metis'. Geschmacklich abwechslungsreich.
Pflücksalat	→ Salatmischung – Bestehend aus: 'Lolo', 'Reine de Glaces' und weiteren Schnittsalaten.
Feldsalat	→ 'Elan' – Schnellwachsende, mehltautolerante Sorte. Fürs Freiland oder das Gewächshaus geeignet.

OKTOBER BIS NOVEMBER

→ Stecke einzelne **Knoblauchzehen** in die Erde.

→ **Spinat**, **Asiasalate**, **Pflücksalat** und **Feldsalat** können direkt gesät werden.

→ Ab und an gießen – auch im Winter an frostfreien Tagen!

DEZEMBER BIS JANUAR

→ Das Grün vom **Knoblauch** schaut bereits aus der Erde.

→ **Spinat** und **Salate** wachsen munter, allerdings langsamer als im Sommer, und können bereits beerntet werden.

FEBRUAR BIS MÄRZ

→ **Spinat** und **Salate** können weiterhin beerntet werden. Salat, der noch nicht geerntet ist, könnte gegen Mitte März langsam in Blüte gehen – dann schmeckt er eher bitter und nicht mehr so lecker. Blühenden Salat entfernen oder stehen lassen und nach der Blüte Saatgut abnehmen.

→ Sobald es wärmer wird, regelmäßig gießen.

BEETPLAN

DEIN GEWÄCHSHAUS IM FRÜHJAHR

Die Tage werden allmählich länger und wärmer und auch wenn im Freiland noch nicht allzu viel möglich ist, kann es im Gewächshaus mit neuen Kulturen weitergehen.

	Voranzucht	Direktsaat	Pflanzabstand	Ernte
Rote Bete	-	März–Juli	10–15 cm	Juli–Oktober
Kopfsalat	Januar–April	April–Juli	25 cm	Mai–Oktober
Radieschen	-	ab Februar	3–4 cm	8 Wochen nach Aussaat

Beet-Maße: 200 x 100 cm

ZEITAUFWAND: HOCH

→ Gewächshaus reinigen

→ Nachkulturen pflanzen oder aussäen

→ Gießen

→ Beikräuter entfernen

→ Nach Schädlingen Ausschau halten

→ Düngen

→ Ernten

MEINE SORTENEMPFEHLUNGEN

Rote Bete	→ 'Robuschka' – Runde, dunkelrote Sorte. Lässt sich hervorragend lagern.
Kopfsalat	→ 'Summertime' – Sehr robuste, dunkelgrüne Sorte mit schönen Köpfen. → 'Baquieu' – Kleinere rote Köpfe, sehr gut im Geschmack.
Radieschen	→ 'Sora' – Runde, karminrote Radieschen. Bleiben auch groß noch lange zart.

MÄRZ

→ Bevor die Nachkulturen im Frühjahr ins Gewächshaus wandern, solltest du unbedingt einen Frühjahrsputz in deinem Gewächshaus veranstalten, damit Krankheitserreger und Schädlinge keine Chance haben.

→ Du kannst Nachkulturen wie **Salate**, **Rote Bete** und **Radieschen** aussäen oder pflanzen.

→ Boden stets feucht halten, bis die Direktsaaten gekeimt sind.

→ Der im Herbst gesteckte **Knoblauch** wächst munter weiter.

→ Solltest du noch **Asiasalate** aus dem Herbst im Gewächshaus stehen haben, werden sie jetzt, sobald es wärmer wird, in Blüte gehen. Lass sie zur Saatgutgewinnung stehen oder mach Platz für neue Kulturen.

APRIL BIS MAI

→ Dein **Knoblauch** ist fast zur Ernte bereit. Sollte er gelbe Stellen an den Blättern aufweisen, dünge ein wenig.

→ Du kannst **Salate** und **Radieschen** ernten.

→ Die **Rote Bete** wächst munter vor sich hin und bildet unterirdisch bereits ihre Rüben.

Klares Wasser mit einem Schuss Essig reichen aus, um dein Gewächshaus zu reinigen und zu desinfizieren. Die Scheiben solltest du von Moos und Algen befreien, damit so viel Licht wie möglich an dein Gemüse gelangen kann.

DEIN GEWÄCHSHAUS IM SOMMER – VARIANTE 1

Es wird wärmer, der Sommer naht, endlich geht es mit dem wärmeliebenden Gemüse im Gewächshaus los.

	Voranzucht	Direktsaat	Pflanzabstand	Ernte
Gurke	März–Mai	Mai–Juni	30–40 cm	Juli–September
Paprika	Februar–April	-	50 cm	Juli–Oktober
Aubergine	Januar–März	-	50 cm	ab Juli
Kopfsalat	Januar–April	April–Juli	25 cm	Mai–Oktober
Dill	-	März–April	breitwürfig	Mai–September

Beet-Maße: 90 x 100 cm

ZEITAUFWAND: HOCH

→ Pflanzen vorziehen
→ Jungpflanzen abhärten
→ Gießen
→ Beikraut entfernen
→ Nach Schädlingen Ausschau halten
→ Düngen
→ Ernten

MEINE SORTENEMPFEHLUNGEN

Gurke	→ 'Saladin' – Hervorragend fürs Gewächshaus geeignet, gegen Gurkenkrätze resistent.
Paprika	→ 'Sweet Chocolate' – Blockige, längliche Paprika, die von Dunkelgrün nach Schokoladenbraun abreifen. → 'California Wonder' – Süße, großfruchtige Paprika.
Aubergine	→ 'Black Beauty' – Eiförmige, dunkelviolette Früchte. Hübsch und lecker.

JANUAR

→ Deine **Auberginen** kannst du jetzt schon auf der Fensterbank aussäen, da sie eine Keimdauer von 2–4 Wochen haben und viel Zeit benötigen, um sich vom Samenkorn zur reifen Frucht zu entwickeln.

FEBRUAR

→ Jetzt kann **Paprika** auf der Fensterbank ausgesät werden.

→ Die ersten **Auberginen** dürften jetzt gekeimt sein.

→ Ende Februar kannst du mit der Voranzucht der **Kopfsalate** auf der Fensterbank beginnen.

MÄRZ

→ Deine **Auberginen-** und **Paprikapflanzen** werden größer und größer, eventuell solltest du sie noch einmal in einen etwas größeren Topf umtopfen.

→ Die **Radieschen,** die du laut dem Frühjahrsbeetplan in dein Gewächshaus gesät hast, kannst du jetzt ernten und bis zum Herbst immer wieder neu aussäen.

→ Sehen deine Jungpflanzen etwas blass aus oder bekommen helle Blätter, dünge leicht mit ein wenig Flüssigdünger.

→ Das Grün des **Knoblauchs,** den du im Herbst ins Gewächshaus gesteckt hattest, sprießt aus der Erde.

→ Stelle deine Pflanzen ab Ende März tagsüber nach draußen, um sie abzuhärten. Mach das aber behutsam: Im Schatten anfangen und auch die Dauer von Tag zu Tag etwas steigern, sonst droht Sonnenbrand und deine Pflanzen könnten eingehen.

→ Ziehe den **Dill** in kleinen Töpfen auf der Fensterbank vor. Alternativ kannst du ihn im April säen. Er ist ein Lichtkeimer und sollte nur leicht angedrückt und nicht mit Erde bedeckt werden.

→ Deine **Salat**-Jungpflanzen können ins Gewächshaus gepflanzt werden.

APRIL

→ Wenn du den **Dill** nicht vorgezogen hast, säst du ihn direkt im Gewächshaus aus. Dabei den Boden stets feucht halten, bis die Direktsaat gekeimt ist.

→ Anfang April kannst du mit der Aussaat deiner **Gurken** auf der Fensterbank starten. Sie keimen sehr schnell und wachsen rasch heran.

→ Ab Ende April kannst du deine **Gurken, Auberginen** und **Paprika** ins Gewächshaus pflanzen.

→ Achte auf die nächtlichen Temperaturen. Sollte es Richtung Frost gehen, schütze deine wärmeliebenden Pflanzen im Gewächshaus mit einem Wintervlies.

→ Achte auf eine gute Belüftung deines Gewächshauses, tagsüber kann es sehr heiß werden.

MAI

→ **Gurken**, **Auberginen** und **Paprika** wachsen gut, bilden neue Triebe und neues Blattwerk.

→ Der **Dill** ist gekeimt und schaut aus der Erde.

→ Deine **Salate** können bereits beerntet werden. Zupfe nur die äußeren Blätter ab und lass das Herz stehen, so kannst du kontinuierlich ernten, ohne neu aussäen zu müssen.

- → Ab jetzt in regelmäßigen Abständen düngen, beispielsweise mit Brennnesseljauche oder einem anderen Gemüsedünger.

JUNI BIS JULI

- → Das Grün deines **Herbstknoblauchs** wird jetzt langsam braun. Das ist ein Zeichen dafür, dass er geerntet werden kann.
- → Deine **Gurken** gehen in die große Gurkenproduktion, bestenfalls kannst du dich vor lauter Gurken kaum retten.
- → Die **Auberginen** blühen und du kannst erste Fruchtansätze entdecken.
- → Deine **Paprika** bilden die ersten grünen Früchte aus und reifen langsam.
- → Den **Salat** beerntest du kontinuierlich weiter.

AUGUST

- → Habe ich dir zu viel versprochen mit der großen **Gurken**-Ernte? Und es geht noch so weiter ...
- → Die **Auberginen** können geerntet werden.
- → Wenn du deine **Paprika** noch nicht im grünen Zustand geerntet hast, dann sind sie jetzt nachgereift und können geerntet werden.

BEETPLAN

DEIN GEWÄCHSHAUS IM SOMMER – VARIANTE 2

Tomaten – für die meisten Hobbygärtner*innen sind sie die Liebsten im Gemüsegarten. Neben der großen Sortenvielfalt sind sie geschmacklich einfach unschlagbar, wenn sie aus eigenem Anbau stammen. Sie gedeihen besonders gut im Gewächshaus.

	Voranzucht	Direktsaat	Pflanzabstand	Ernte
Tomaten	März	-	50 cm	ab Juli
Basilikum	März–April	-	20–25 cm	4–6 Wochen nach Aussaat
Kohlrabi	ab Februar	ab März	25–40 cm	8–12 Wochen nach Aussaat

Beet-Maße: 100 x 200 cm

ZEITAUFWAND: HOCH

→ Pflanzen vorziehen

→ Jungpflanzen abhärten

→ Gießen

→ Beikraut entfernen

→ Nach Schädlingen Ausschau halten

→ Düngen

→ Ernten

MEINE SORTENEMPFEHLUNGEN

Tomaten	→ 'Ananas' – Sehr leckere Fleischtomate mit großen, gelb-orangen Früchten. → 'Zuckertraube' – Cocktailtomate, mit langen Rispen voller aromatischer Früchte. → 'Blush Tiger' – Orange-rote, längliche Pflaumentomaten mit ausgezeichnetem Geschmack.
Basilikum	→ 'Genoveser' – Beliebte Sorte mit intensivem Aroma und glänzenden, großen Blättern.
Kohlrabi	→ 'Superschmelz' – Entwickelt sehr große, zarte Knollen, die nicht holzig werden.

MÄRZ

→ Beginne ab Mitte März mit der Aussaat deiner **Tomaten** auf der Fensterbank.

→ Auch die Aussaat von **Basilikum** kann jetzt auf der Fensterbank starten.

→ Solltest du **Kohlrabi** vorgezogen haben, kannst du die Jungpflanze ins Gewächshaus setzen. Falls nicht, kannst du ihn auch direkt im Gewächshaus aussäen. Boden feucht halten, bis er gekeimt ist.

APRIL

→ Ab Mitte/Ende April kannst du bereits mit der Pflanzung deiner **Tomaten** im Gewächshaus beginnen (für die Freilandpflanzung noch bis Mitte Mai warten!).

→ Das **Basilikum** kann ins Gewächshaus gesetzt werden.

→ Achte ab jetzt auf die nächtlichen Temperaturen. Sollte es Richtung Frost gehen, schütze deine wärmeliebenden Pflanzen im Gewächshaus, wie Tomaten und Basilikum, vorsichtshalber in der Nacht mit einem Vlies.

→ Achte auf eine stetig gute Belüftung deines Gewächshauses.

TIPP

Achte ab März besonders auf eine ausreichende Belüftung tagsüber. Auch wenn die nächtlichen Temperaturen teilweise um den Gefrierpunkt liegen, kann sich dein Gewächshaus an einem sonnigen Tag im Inneren schnell auf 50 oder 60 °C aufheizen.

MAI

→ Ab Mitte Mai, nach den Eisheiligen, drohen meist keine Nachtfröste mehr. Du kannst die Gewächshausfenster nun auch nachts offen lassen, da die nächtlichen Temperaturen jetzt meist einen zweistelligen Wert erreichen.

→ Ab jetzt in regelmäßigen Abständen mit Brennnesseljauche oder einem anderen Gemüsedünger düngen.

JUNI

→ Deine **Tomaten** wachsen in die Höhe. Binde sie von Zeit zu Zeit hoch, damit sie nicht abbrechen.

Gehe wöchentlich durch deine Tomatenpflanzen und halte Ausschau nach Geiztrieben, die du ausbrechen solltest. Derweil bilden sie massig Blüten, vielleicht entdeckst du schon die ersten, grünen Tomaten.

→ Das **Basilikum** mag die Wärme im Gewächshaus und wächst munter weiter.

→ Die Knollen des **Kohlrabis** bilden sich aus.

JULI

→ Deine **Tomaten** wachsen langsam Richtung Gewächshausdach, binde sie weiterhin gut an. Regelmäßig ausgeizen. Die ersten Tomaten werden reif und können geerntet werden.

→ Dein **Kohlrabi** kann bereits geerntet werden. Solltest du die Sorte 'Superschmelz' gepflanzt haben, kannst du ihn auch noch stehen lassen.

AUGUST

→ Deine **Tomaten** beschenken dich mit reicher Ernte.

→ Wenn dir der **Kohlrabi** 'Superschmelz' groß genug erscheint, kann auch dieser geerntet werden.

→ **Basilikum** kann in regelmäßigen Abständen beerntet werden.

TIPP

Ernte dein Basilikum nicht, indem du einzelne Blätter abzupfst. Schneide ganze Triebe knapp über einem Blattpaar ab, so bilden sich neue Verzweigungen und das Basilikum wächst buschiger.

SEPTEMBER

→ Die Ernte von **Tomaten**, **Basilikum** und **Kohlrabi** ist im vollen Gang. Wenn die Tomatenpflanzen noch voller grüner Tomaten hängen, kannst du einige Blätter entfernen, damit die unreifen Früchte mehr Licht bekommen und noch ausreifen können, bevor es zu kalt wird. Dein Basilikum geht jetzt sehr wahrscheinlich so langsam in Blüte. Entweder entfernst du sie und beerntest das Basilikum weiter oder du lässt die Blüten stehen, bis sie Samen gebildet haben und erntest sie für das kommende Jahr.

→ Frei gewordene Stellen im Beet kannst du jetzt noch mit **Kopfsalaten** füllen.

Der Basilikum geht in die Blüte, bald kann Saatgut geerntet werden.

So sehen die vertrockneten Blüten des Basilikums aus.

OKTOBER

→ Ab jetzt geht es langsam in den Herbst hinein, die Temperaturen werden kühler. Du kannst dein Gewächshaus nach der Ernte der **Tomaten** auf die Herbst- und Winterbepflanzung vorbereiten. Folgende Kulturen könntest du jetzt wieder pflanzen: **Knoblauch**, **Zwiebeln**, **Möhren**, **Rote Bete**, **Asiasalate**, **Feldsalat**, **Spinat**, **Pflücksalat** und **Postelein**.

TIPP

Die vertrockneten Blüten des Basilikums lassen sich leicht mit den Fingern öffnen. Darin findest du kleine schwarze Saatkörner. Diese kannst du trocken und kühl lagern und im darauffolgenden Jahr wieder neu aussäen. Dazu nimmst du am besten kleine Saattütchen, die sich gut beschriften lassen. So weißt du auch noch im nächsten Jahr, welches Saatgut sich darin befindet.

WIR WOLLEN HOCH HINAUS

Einige Gemüsepflanzen, vor allem Tomaten und Gurken, wollen hoch hinaus und das natürlich auch im Gewächshaus. Dafür solltest du ihnen eine Kletterhilfe zur Verfügung stellen. Eine sehr praktische Lösung sind Tomatenhaken, die du natürlich auch für Gurken und anderes Klettergemüse nutzen kannst.

DIE VORTEILE

→ Mit Tomatenhaken kannst du Tomaten geordnet hochbinden, ohne sie zu verletzen oder abzubrechen.

→ Die Höhe ist frei wählbar.

→ Du kannst dich auf höhere Erträge freuen, da die Tomate sehr hoch wachsen, teilweise 3–5 m.

DAS BENÖTIGST DU ZUM HOCHBINDEN DEINES GEMÜSES

→ Tomatenhaken

→ Jutegarn

→ Tomatenclip

→ Draht

SO GEHT'S

→ Miss den Abstand vom Boden bis zu deinem Gewächshausdach und schneide das Jutegarn mindestens in doppelter Länge zu.

→ Knote die Jute an eine Seite des Tomatenhakens und wickele sie um den Haken herum.

→ Der Tomatenhaken wird an einen Draht, der quer durch das Gewächshaus gespannt ist, gehangen. Wickle nun das Garn bis knapp über den Boden ab.

→ Bringe das andere Ende des Garns mit dem Tomatenclip am Stängel deiner Pflanze an. Die Tomate stützt sich mit ihrem Eigengewicht im Garn.

→ Wickele die Tomate regelmäßig um das Garn.

→ Ist sie oben am Dach angekommen, hast du die Möglichkeit, etwas Garn vom Haken zu lassen. Der untere Teil der Tomate hängt nun am Boden, oben kann sie weiter am Garn emporwachsen. So brauchst du die Tomatenpflanze oben nicht zu kappen.

WIR WOLLEN AUSGEGEIZT WERDEN

Anfangs ist in Sachen Tomatenpflege nicht viel zu tun. Sobald die Pflanzen aber größer werden und die ersten großen Triebe erscheinen, solltest du sie ausgeizen. Dabei entfernst du die kleinen Seitentriebe, Geiztriebe genannt, die in den Blattachseln entstehen. Ausgeizen ist zwar kein Muss, aber hat viele Vorteile.

DIE VORTEILE

- → Ausgeizen fördert die Fruchtentwicklung, da die Pflanze mehr Energie in Haupttrieb, Blütenbildung und Früchte stecken kann, anstatt in das ganze Blattwerk.
- → Durch das Ausgeizen erzielst du eine bessere Luftzirkulation, dadurch minimierst du das Risiko der Kraut- und Braunfäule (mehr dazu auf der nächsten Seite).
- → Die Früchte reifen schneller, da sie mehr Licht bekommen.
- → Deine Pflanzen lassen sich im ausgegeizten Zustand viel besser pflegen, da sie so viel übersichtlicher und stabiler sind.

So sehen Tomaten vor dem Ausgeizen aus.

Im ausgegeizten Zustand sind deine Tomaten viel übersichtlicher und pflegeleichter.

Der Geiztrieb wächst zwischen Stängel und Blattachsel und kann in kleinem Zustand einfach mit den Fingern abgeknipst werden. Bei größeren Geiztrieben solltest du eine scharfe Gartenschere verwenden.

DAS SPART ZEIT!

Geize deine Tomaten möglichst wöchentlich aus. Das geht recht schnell. Sind die Geiztriebe erst einmal groß, ist es sehr zeitintensiv, dem Tomatendschungel Herr zu werden. Oder du pflanzt Buschtomaten. Die werden meist nur 50 cm hoch und müssen nicht ausgegeizt werden.

DIE KRAUT- UND BRAUNFÄULE

Die Kraut- und Braunfäule ist eine der von Hobbygärtner*innen gefürchtetsten Pflanzenkrankheiten. Sie tritt vor allem bei Tomaten und Kartoffeln auf, weshalb du diese beiden Kulturen möglichst weit voneinander entfernt anbauen solltest, damit sie sich nicht gegenseitig anstecken.

WORAN ERKENNST DU SIE?

→ Graubraune Flecken auf den Blättern, die sich schnell ausbreiten

→ Dunkle Verfärbungen an den Stängeln, oft mit weichem Gewebe

→ Reife und unreife Früchte mit Braunfäulestellen, sie sind dann ungenießbar

DIE FAKTEN

→ Die Kraut- und Braunfäule wird durch einen Pilz (Phytophthora infestans) verursacht.

→ Durch herumfliegende Sporen kann sich die Krankheit in Nullkommanichts verbreiten, durch Wind, Spritzwasser oder Regen.

→ Die Pflanzenkrankheit kommt also vor allem bei Pflanzen vor, die ständigem Regen oder hoher Luftfeuchtigkeit ausgesetzt sind.

WIE KANNST DU VORBEUGEN?

- → Im Freiland für einen ausreichenden Regenschutz sorgen, zum Beispiel mit einem Tomatendach (mehr dazu auf Seite 78).

- → Ausreichend Pflanzabstand zwischen den Tomatenpflanzen lassen, damit die Luft hindurchstreichen kann.
- → Ausgeizen hält deine Pflanzen luftig und sie können nach einem Regenschauer schneller wieder abtrocknen.
- → Bei anhaltend feuchter Witterung Pflanzen im Auge behalten und immer wieder nach braunen Stellen absuchen. Findest du Blätter mit braunen Flecken, sofort entfernen und im Hausmüll entsorgen.
- → Tomaten niemals von oben abbrausen, sondern nur unten am Wurzelwerk gießen.
- → Regelmäßige Düngergabe! Starke, vitale Pflanzen kommen mit einem leichten Befall besser klar als geschwächte.
- → Resistente Sorten für das Freiland wählen, wie zum Beispiel 'Sunviva', 'Primabella' oder 'Harzfeuer'.
- → Im Gewächshaus für eine ausreichende Belüftung sorgen, um eine zu hohe Luftfeuchtigkeit zu vermeiden.
- → Ein mit Rasenschnitt oder einem anderen organischen Material gemulchter Boden verhindert hochspritzendes Gießwasser. Mulchen hat noch zwei weitere Vorteile: Deine Pflanzen werden durch die Verrottung des Mulchmaterials quasi gedüngt und sie müssen nicht so oft gegossen werden, da die Mulchschicht den Boden vor Austrocknung schützt.

WIE LÄSST SIE SICH BEKÄMPFEN?

- → Befallene Blätter und Früchte sofort entfernen und unbedingt im Hausmüll – nicht in der Biotonne oder gar im Komposter – entsorgen. Ansteckungsgefahr!
- → Unbedingt Hände und Werkzeuge gründlich reinigen und desinfizieren, um eine Übertragung auf gesunde Pflanzen zu vermeiden.

KAPITEL 04

Keine ZEIT zu NASCHEN

Was gibt es Besseres, als sein selbst angebautes Gemüse nach der Ernte lecker zuzubereiten? Auf den folgenden Seiten findest du eine kleine Auswahl meiner liebsten Rezepte rund um den Gemüsegarten.

REZEPT

ROTE-BETE-SUPPE MIT BULGUR

Diese Suppe ist nicht nur sehr lecker, sondern auch noch supergesund. Denn sie enthält, auch wenn alles gekocht wurde, noch immer viele Nährstoffe und Mineralien.

Zutaten

→ 2 Rote Beten mit Blättern

→ 2 TL Gemüsebrühe

→ Bulgur

→ Salz und Pfeffer

→ 1 TL Meerrettich aus dem Glas

→ etwas Zitronensaft

→ 2–3 Stängel Petersilie

→ etwas Sahne

So geht's

01 Die Blätter der Roten Bete abschneiden. Rote Beten mitsamt Schale kochen, bis sie weich sind.

02 In der Zwischenzeit die Blätter und Stängel der Roten Beten grob klein schneiden.

03 Etwa 1 l Wasser mit der Gemüsebrühe aufkochen.

04 Die Schale der gekochten Beten abziehen, Beten raspeln.

05 Bulgur in die Brühe geben, 5 Minuten kochen.

06 Die zerkleinerten Blätter und Stängel sowie die geraspelte Bete zugeben und weitere 5 Minuten kochen.

07 Mit einer Prise Salz und Pfeffer, Meerrettich, gehackter Petersilie und etwas Zitronensaft abschmecken.

08 Kurz vor dem Servieren einen Schuss Sahne hinzufügen.

REZEPT

GERÖSTETER BLUMENKOHL-SALAT

Blumenkohl mal ganz anders! Bei diesem leckeren Salat wirst du sicherlich oft nach dem Rezept gefragt werden.

Zutaten

- → 1 mittelgroßer Blumenkohl
- → 1–2 TL Rapsöl
- → 2 TL Paprikapulver edelsüß
- → 1 TL Paprikapulver rosenscharf
- → 1 TL Salz, 1 TL Oregano
- → 1 Handvoll Snacktomaten
- → 1 Salatgurke, alternativ Essiggurken
- → 1 Zwiebel

Für das Dressing:

- → 5 EL griechischer Joghurt
- → 2 EL Mayonnaise
- → 2 EL Gurkenwasser
- → Salz, Zucker und Pfeffer

So geht's

01 Blumenkohl in kleine Röschen zerteilen und in eine Auflaufform geben.

02 Mit dem Öl beträufeln und mit Paprika edelsüß, Paprika rosenscharf, Salz und Oregano würzen und gut durchmengen.

03 Auflaufform in den vorgeheizten Backofen schieben und für 25 Minuten bei 180 °C Umluft rösten.

04 In der Zwischenzeit Tomaten, Gurken und Zwiebeln würfeln. Zusammen mit dem fertig gerösteten Blumenkohl in eine große Schüssel geben.

05 Die Zutaten für das Dressing in einer kleinen Schüssel zusammenmischen und über den Salat geben. Alles gut durchmengen und gleich servieren.

REZEPT

KNUSPRIGER GNOCCHI-SALAT

Dieses Gericht wird dich begeistern. Es ist trotz der Gnocchi sehr leicht und lecker-würzig. Eine wahre Geschmacksexplosion!

Zutaten

- → 1 Handvoll Kirschtomaten
- → ½ Salatgurke
- → 1 kleine rote Zwiebel
- → 500 g frische Gnocchi
- → etwas Rapsöl
- → Paprikapulver edelsüß

Für das Dressing:

- → 2–3 Stängel Dill
- → 1 Knoblauchzehe
- → 2 TL Rapsöl
- → 3 EL Joghurt
- → 2 TL Mayonnaise
- → 2 TL Kräutersenf
- → 1 TL Honig oder Agaven-dicksaft
- → 1–2 Spritzer Zitronensaft
- → Salz und Pfeffer

So geht's

01 Gemüse in kleine Stücke schneiden.

02 Die frischen Gnocchi mit 2–3 Spritzern Öl besprühen und mit Paprikapulver würzen.

03 Gnocchi bei 180 °C für 15–20 Minuten in der Heißluftfritteuse oder im Backofen (Heißluft) kross werden lassen.

04 Gnocchi mit dem klein geschnittenen Gemüse in eine Schüssel geben.

05 Für das Dressing den Dill fein hacken und die Knoblauchzehe pressen. Dann alle Dressingzutaten verrühren und zum Salat geben. Sofort genießen!

REZEPT

HERZHAFTER WASSERMELONEN-SALAT

Du isst nicht so gerne süß-herzhafte Kombinationen? Dann vertrau mir nur dieses eine Mal! Dieser Salat ist einfach der absolute Knaller und vor allem an heißen Sommertagen eine leckere Erfrischung.

Zutaten

→ ½ Wassermelone, ca. 800 g
→ 1 Salatgurke
→ 2 Avocados
→ 2 rote Zwiebeln
→ 2 TL Agavendicksaft
→ 2 TL Salz
→ Saft einer ganzen Zitrone

So geht's

01 Die Wassermelone in mundgerechte Stücke schneiden.

02 Gurke, Avocados und Zwiebeln würfeln.

03 Wassermelonenstücke, Gurke-, Avocado- und Zwiebelwürfel in einer großen Schüssel vermengen.

04 Agavendicksaft, Salz und Zitronensaft hinzufügen. Alles gut mischen und abschmecken.

05 Vor dem Servieren 1–2 Stunden ziehen lassen.

REZEPT

ZUCCHINI-SALAT MIT NEKTARINEN

Hier kommt noch eine unfassbar leckere Kombination aus herzhaft und süß. Die Zitrone macht diesen Salat sehr erfrischend, und du wirst nicht genug davon bekommen können. Eine sehr leckere Grillbeilage.

Zutaten

- → ca. 800 g Zucchini
- → Salz
- → 2 Äpfel
- → 2 Nektarinen
- → ½ Bund Petersilie
- → 10 Zitronenmelisse- oder Minzeblätter
- → 1 Zitrone
- → 4 EL Olivenöl
- → 2 EL Agavendicksaft
- → Pfeffer
- → 100 g Mandelstifte

So geht's

01 Zucchini grob raspeln, mit 2 TL Salz vermischen und in einem Sieb gut abtropfen lassen.

02 Äpfel grob raspeln, Nektarinen in Stücke schneiden.

03 Petersilie und Melisse (oder Minze) fein hacken.

04 Alles in eine große Schüssel geben.

05 Die Schale der Zitrone abreiben, den Saft auspressen, mit Öl und Agavendicksaft mischen.

06 Zu den Salatzutaten geben und vermengen, mit Salz und Pfeffer abschmecken.

07 Die Mandelstifte in einer Pfanne ohne Öl anrösten und über den Salat streuen.

REZEPT

MANGOLD-SPAGHETTI

Du baust Mangold im Garten an und fragst dich, wie du ihn am besten zubereitest? Dann koch unbedingt einmal diese Mangold-Spaghetti – einfach köstlich!

Zutaten

- → 2 Tomaten
- → 1 Paprikaschote
- → 2 Zwiebeln
- → 4 Knoblauchzehen
- → 200 g Mangold
- → 250 g Spaghetti
- → etwas Rapsöl
- → Schnittlauch
- → Salz und Pfeffer
- → Paprikapulver edelsüß

So geht's

01 Tomaten, Paprika, Zwiebeln und Knoblauch klein schneiden.

02 Mangold mitsamt Stielen in grobe Stücke schneiden.

03 Reichlich Wasser aufkochen, Spaghetti zusammen mit dem Mangold hineingeben und kochen, bis die Spaghetti al dente sind.

04 Paprika, Zwiebeln und Knoblauch in einer Pfanne mit etwas Öl andünsten.

05 Spaghetti und Mangold abgießen, zusammen mit den Tomaten in die Pfanne geben.

06 Ein wenig Wasser zugeben und alles für 5 Minuten köcheln lassen.

07 Schnittlauch fein hacken und dazugeben, mit Salz, Pfeffer und Paprikapulver abschmecken.

REZEPT

GNOCCHI-KÜRBIS-AUFLAUF

Du liebst Kürbis? Dann versuche unbedingt diese köstliche Kreation mit Gnocchi und Hackfleisch! Würzig, lecker und sehr sättigend.

Zutaten

- → 2 Zwiebeln
- → 300 g Hokkaido-Kürbis
- → 500 g Hackfleisch
- → 3 Knoblauchzehen
- → Salz, Pfeffer und Chilipulver
- → 2 TL Currypulver
- → etwas Rapsöl
- → 2 EL Tomatenmark
- → 500 ml Gemüsebrühe
- → 200 g Schmand
- → 2 Packungen frische Gnocchi aus dem Kühlregal
- → getrocknetes Basilikum
- → 2 Mozzarella-Kugeln

So geht's

01 Zwiebeln und Kürbis (mit Schale) würfeln.

02 Zwiebeln und Hackfleisch mit gepresstem Knoblauch, Salz, Pfeffer, Chili- und Currypulver in etwas Öl andünsten.

03 Tomatenmark hinzugeben und mit anrösten.

04 Kürbiswürfel hinzufügen und kurz mit anbraten.

05 Alles mit Gemüsebrühe ablöschen und mindestens 5 Minuten bei geschlossenem Deckel köcheln lassen.

06 Schmand unterrühren und zusammen mit den Gnocchi in eine Auflaufform füllen.

07 Basilikum untermischen, Mozzarella in Stücke zupfen und über den Auflauf geben.

08 Im vorgeheizten Backofen bei 180 °C Umluft 50 Minuten backen.

WÜRZIGE GEMÜSE-GRILLSPIESSE

Diese vegetarischen Grillspieße sind der Hit auf jeder Grillparty. Das Gemüse wird einige Zeit mariniert und kann so die süß-würzigen Kräuteraromen aufnehmen.

Zutaten

- → 800 g große Champignons
- → 2 Zucchini
- → 2 Paprikaschoten
- → 6–8 Knoblauchzehen
- → 150 ml Olivenöl
- → 4 EL Agavendicksaft
- → 7 EL dunkle Sojasoße
- → 2 TL Thymian
- → 2 TL Oregano

So geht's

01 Champignons säubern, Zucchini in nicht zu dünne Scheiben, Paprika in größere Stücke schneiden.

02 Knoblauch pressen und mit dem Öl, Agavendicksaft, Sojasoße und den Kräutern zu einer Marinade verarbeiten.

03 Das Gemüse gut mit der Marinade vermischen und über Nacht ziehen lassen.

04 Gemüse auf Spieße stecken, grillen und schmecken lassen.

REGISTER

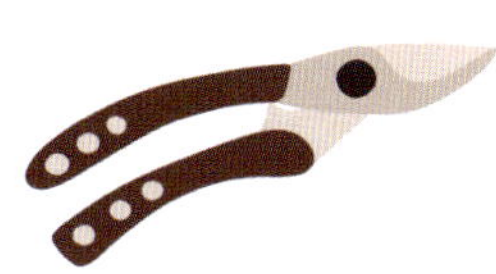

ÜBER DIE AUTORIN

Jessica Achtsnicht liebt es einfach, sich im Garten die Hände schmutzig zu machen oder ihren Enten beim Planschen im Teich zuzuschauen. Ein Gewächshaus bauen, Unkraut zupfen oder Brennnesseljauche ansetzen – es gibt viel zu tun im Gemüsegarten. Unter dem Namen @lauseblattwerk teilt Jessica ihr Wissen und ihre Erfahrungen auf ihren Social-Media-Kanälen und ihrem Gartenblog und bringt so begeisterten Leser*innen den Alltag im Gemüsegarten näher.

→ **Instagram:** @lauseblattwerk (Gemüsegarten)
@lauseblattwerk_food (Rezepte)
@lauseblattwerk_home (Wohnen & Haushalt)
@lauseblattwerk_shop (Onlineshop)

→ **YouTube:** @lauseblattwerk

→ **TikTok:** @lauseblattwerk

→ **Pinterest:** @lauseblattwerk

→ **Website:** www.lauseblattwerk.de

→ **Onlineshop:** www.lauseblattwerk.de/shop

DANKSAGUNG

Ich danke meiner Familie, meinem Mann Marc und meinen beiden Mädels, ohne euch und eure Unterstützung wäre dieses Buch nicht möglich gewesen. Marc, was du mit mir und meinen (manchmal) verrückten Ideen durchmachen musst … und dass du trotzdem meine Gartenträume verwirklichst, das ist für mich der größte Liebesbeweis!

Vielen Dank an meine Community. Ihr seid einfach die wildesten Supporter und ich bin oft sprachlos, wie toll ihr seid!

Ein ganz großer Dank geht auch an Antje Krause. Ich danke dir sehr für die wunderbare Zusammenarbeit, es hat mir wirklich sehr viel Spaß gemacht, mit dir an meinem Buch zu arbeiten, und ich denke, wir haben einen sehr schönen Gartenratgeber auf die Beine gestellt.

Natürlich möchte ich mich noch bei Saskia Hauck und dem ganzen EMF-Verlag für unsere erneute, sehr angenehme Zusammenarbeit bedanken.

BEZUGSQUELLEN

Saatgut & Gartengeräte

Lauseblattwerk Onlineshop – Hier bekommst du Saatgut, praktische Helfer für die Jungpflanzenanzucht, Dünger und vieles mehr für deinen Gemüsegarten.
www.lauseblattwerk.de I @Lauseblattwerk

Gewächshaus

Unser wunderschönes Gewächshaus ist von **Juliana Gewächshäuser**. Es ist das Modell „Jubii60“, verfügt über eine Grundfläche von 3 x 5 m, mit extra hohen Seitenwänden, zwei Doppelstalltüren und sechs Fenstern mit automatischen Fensteröffnern.

Frühbeet

Unser Frühbeet aus Doppelstegplatten und Aluminiumgestell ist das Frühbeet „Typ Allgäu Modell 1“ von **Beckmann**. Es hat die Größe 100 x 90 cm und passt nahezu auf jedes Beet.

IMPRESSUM

Bibliografische Information der Deutschen Bibliothek.

Die Deutsche Bibliothek verzeichnet diese Publikation in der Deutschen Nationalbibliografie. Detaillierte bibliografische Daten sind im Internet über http://www.dnb.de abrufbar.

Bei Fragen zur Produktsicherheit wenden Sie sich an:
Edition Michael Fischer GmbH
Kistlerhofstr. 70
81379 München
kontakt@emf-verlag.de

EIN BUCH DER EDITION MICHAEL FISCHER

1. Auflage 2026

Cover, Layout & Satz: Anna Obermüller
Redaktion und Projektmanagement: Saskia Hauck

Lektorat: Antje Krause

Fachkorrektorat: Katharina Raub

Bildnachweis:

ISBN 978-3-7459-3096-2

www.emf-verlag.de